电磁兼容（EMC）实践与应用技术系列

电磁兼容（EMC）设计开发全案例解析

主 编／颉 晨

副主编／黄保香 刘 凯 郭正铭

电子工业出版社

Publishing House of Electronics Industry

北京·BEIJING

内 容 简 介

本书紧密围绕产品 EMC 测试中常见的项目，与读者分享故障诊断、故障整改、EMC 设计的经验以及思路和方法。全书分为 6 章，介绍了 54 个经典案例，分别从器件选型、滤波、展频、原理图设计、PCB 设计、结构设计、系统布局、线缆工艺、软件措施、接地等不同方面给读者提供 EMC 问题整改的经验和借鉴。全书实战性强，案例经典，是产品开发工程师不可多得的设计宝典。

本书以实用为目的，通过实践案例教会读者解决问题的方法，避免拖沓冗长的理论，适合电子和电气工程师、EMC 工程师以及其他对该项技术感兴趣的人员阅读，也可作为 EMC 培训教材或参考资料。

图书在版编目（CIP）数据

电磁兼容（EMC）设计开发全案例解析 / 颉晨主编.
北京 ：电子工业出版社，2024. 7. -- （电磁兼容（EMC）
实践与应用技术系列）. -- ISBN 978-7-121-48209-0

Ⅰ. TN0

中国国家版本馆 CIP 数据核字第 2024KJ7306 号

责任编辑：牛平月

印　　刷：北京市大天乐投资管理有限公司
装　　订：北京市大天乐投资管理有限公司
出版发行：电子工业出版社
　　　　　北京市海淀区万寿路 173 信箱　　邮编　100036
开　　本：720×1 000　1/16　印张：15　字数：312 千字
版　　次：2024 年 7 月第 1 版
印　　次：2024 年 7 月第 1 次印刷
定　　价：98.00 元

凡所购买电子工业出版社图书有缺损问题，请向购买书店调换。若书店售缺，请与本社发行部联系，联系及邮购电话：(010) 88254888，88258888。

质量投诉请发邮件至 zlts@phei.com.cn，盗版侵权举报请发邮件至 dbqq@phei.com.cn。

本书咨询联系方式：(010) 88254454，niupy@phei.com.cn。

前　　言

西安电子科技大学校友吴中林说:"认真的人,改变了自己。坚持的人,改变了命运。人生没有等出来的辉煌,只有拼出来的精彩。"回头想想以本书为首本的"电磁兼容(EMC)实践与应用技术系列"丛书的策划和成书又何尝不是如此。

或许是"理工男"的缘故,作者(笔名桃花岛主)在 EMC 培训工作中,对于实践的一些心得、经验、案例等都有总结的习惯,这既是对工作的鞭策也是对自己知识掌握的检验。寒来暑往,坚持不懈,作者编写了多本公司内部培训参考资料(简称内参系列)。首先是"EMC 设计开发内参Ⅰ——技术提阶"(简称内参Ⅰ),其配套培训课程"电磁兼容设计、故障诊断、整改技术与经典案例"也应运而生;在 2022年年末居家期间,笔耕不辍,完成内参Ⅰ的姊妹篇"EMC 设计开发内参Ⅱ——案例字典"(简称内参Ⅱ)的写作;而"EMC 设计开发内参Ⅲ——高端设计"(简称内参Ⅲ)目前也在写作中。内参系列已经获得百万粉丝的认可,并得到培训学员的一致好评。经与出版社编辑协商,内参Ⅱ最先出版面世,并将书名正式更改为《电磁兼容(EMC)设计开发全案例解析》。

本书的初衷是编撰一本电磁兼容(EMC)案例集,而非讲述综合知识。当读者遇到类似问题时,可以查阅案例集,参考类似案例,汲取思路和方法,从而找到解决方案。本书主要特点如下:

(1)案例来源于作者实践,比较接地气;

(2)全书 54 个案例,解决方法和思路各不相同;

(3)每个案例都提供了详细的解决措施;

(4)案例含器件、原理图、PCB、结构、线缆、系统等,知识点全面;

(5)案例包括 EMC 设计、EMC 整改、EMC 故障诊断,实用技能全面;

(6)案例覆盖传导、辐射、静电、雷击浪涌、EFT 等项目,实战性超强;

(7)每个案例末尾均增加作者点评(正文中岛主点评),起到画龙点睛的作用。

本书紧密围绕产品 EMC 测试中常见的项目,与读者分享故障诊断、故障整改、EMC 设计的经验以及思路和方法。全书分为 6 章,共 54 个经典案例,每章都围绕一个特定的 EMC 测试项目展开，分享解决问题的全过程。作者分别从器件选型、滤波、展频、原理图设计、PCB 设计、结构设计、系统布局、线缆工艺、软件措施、接地等不同方面给读者提供整改经验和借鉴。全书实战性强，案例经典，是产品开发工程师不可多得的设计宝典。

本书在写作过程中，受到了电子工业出版社的垂爱和支持，在此要特别感谢电子工业出版社牛平月老师的悉心指导和帮助，牛老师工作兢兢业业、细心认真，不但为本书提供了很多宝贵意见，也参与了书籍的修订等工作。

此外感谢西安容冠电磁科技有限公司各位同事，根据出版社的修订意见，同事们齐心协力，不分昼夜地协助作者修订和完善书稿内容，他们的付出，是本书得以面世的重要保证。

另外感谢行业同仁和广大工程师，大家通过分享案例、关注进度、提前预订、口口相传等各种方式，表达了对本书的支持和期待。

还要感谢电磁兼容工程师网、EMCMAX 容冠电磁公众号、EMCMAX 电磁兼容（EMC）实践与应用技术研讨会/年会等平台为本书提供的信息和媒体支持。

本书比较适合有研发基础和经验的学习者，所以书中未对相关基础概念和术语进行详细解释。此外由于编者的水平有限，书中的疏漏和缺点在所难免，诚挚邀请广大读者提出宝贵的意见和建议！

感恩相知，感恩相遇！

我有恒心，坚持分享；一路前行，感谢有你！！

颉晨（笔名桃花岛主）

2024.4.23

目　录

第1章 传导案例

1.1 某产品通过调整开关频率解决传导骚扰超标案例

1. 问题描述

某产品在进行传导骚扰测试时,发现在 665kHz 频点,传导骚扰超过标准限值(简称超标)3dB,试验不通过。传导骚扰测试原始结果如图 1.1.1 所示。

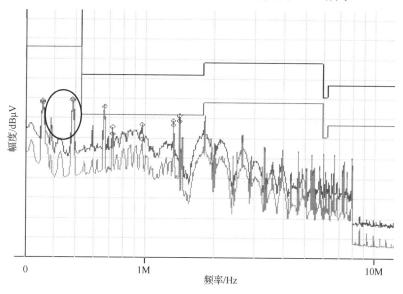

图 1.1.1　传导骚扰测试原始结果

2. 原因分析

由图 1.1.1 可知,传导骚扰超标频点分布比较规律,根据经验,这通常与开关电源的 DC-DC 模块开关频率有关。查看产品样机,其中有多个 DC-DC 模块,使用频谱分析仪和近场探头逐一测量,发现其中一个 DC-DC 模块开关频率刚好为 665kHz,其他 DC-DC 模块开关频率分别为 1MHz、1.1MHz、1.2MHz、2.1MHz 等,故确定是由此 DC-DC 模块开关频率干扰导致的传导骚扰超标。

3．整改措施

查询本类产品 EMC 标准，发现传导骚扰限值为 0.3～0.53Hz，比 0.53～1.8MHz 频段宽松 26dB，如表 1.1.1 所示。

表 1.1.1　传导骚扰标准限值

频率范围 f /MHz	限值 A（平均值检波） /dBμV	限值 B（峰值检波） /dBμV
0.15～0.3	70	90
0.3～0.53	76	96
0.53～1.8	50	70

因此考虑将 DC-DC 模块开关频率降低，从而使得超标的开关频率相应频点传导骚扰标准限值升高以通过试验。

查看 DC-DC 规格书，其开关频率可以通过更改电阻调整，如表 1.1.2 所示。

表 1.1.2　开关频率可调

测 试 条 件	开关频率 F_{SW}/kHz		
	最 小 值	典 型	最 大 值
$R_T=200\text{k}\Omega$	450	581	720

将电阻 R_{65} 由 147kΩ 改为 200kΩ，调低 DC-DC 模块开关频率，再次使用频谱仪和近场探头测试，此时 DC-DC 模块开关频率降为 500kHz。调节电阻降低开关频率如图 1.1.2 所示。

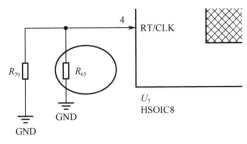

图 1.1.2　调节电阻降低开关频率

4．实践结果

整改后再次测试传导骚扰，结果如图 1.1.3 所示。

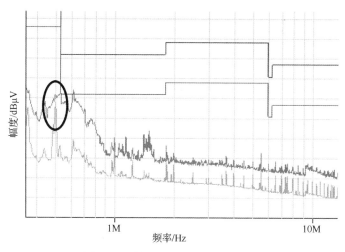

图 1.1.3　整改后传导骚扰测试结果

从图 1.1.3 可以看出，调整开关频率之后，500kHz 频点对应的传导骚扰未超过标准限值，试验通过。

【岛主点评】

开关频率永远是传导骚扰超标问题的主角，传统的方法不是这里滤波就是那里滤波，除了滤波还是滤波，给人感觉解决传导骚扰超标问题只此一招别无他法，是吗？非也！条条大路通罗马。本案例产品传导骚扰超标，经过缜密的诊断和分析，认为是由 DC-DC 模块开关频率不合适引起的，之后通过调节电阻改变开关频率，规避限值要求较高的频段，问题成功被化解。本案例的方法和思路启示我们，对于开关频率可调的 DC-DC 模块，通过调整开关频率避开标准限值要求较高的频段，方法奇特，效果极佳，且不需要大动干戈，简约而美到窒息！

某产品通过电源滤波设计解决传导骚扰超标案例

1. 问题描述

某军用地面设备，在按照 GJB 151B 要求做电磁兼容试验时，AC 220V 电源线传导骚扰超过标准限值要求，其原始频谱图如图 1.2.1 所示。

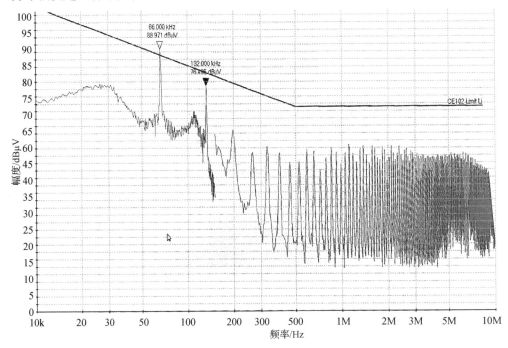

图 1.2.1　电源线传导骚扰原始频谱图

从图 1.2.1 可以看出，产品电源线低频传导骚扰在 66kHz 频点超标约 3dB，试验不通过。

2. 原因分析

电源线传导骚扰超标，主要抑制手段为电源滤波。打开机壳，查看产品内部结构，其由三部分构成：AC-DC 电源模块、信标机、前面板。AC-DC 电源模块经确认使用的是民用电源滤波器（民用电源滤波器传导频段为 150kHz～30MHz，而军用电源滤波器传导频段为-10MHz～10kHz，因此不满足军工产品传导要求）。

军工产品标配的军用电源滤波器，除需要抑制传导骚扰之外，对于 10kHz～18GHz 电磁场辐射发射低频传导骚扰也有抑制作用。所以，军用电源滤波器是军工产品不可或缺的模块。

产品电源输入电路示意图如图 1.2.2 所示。

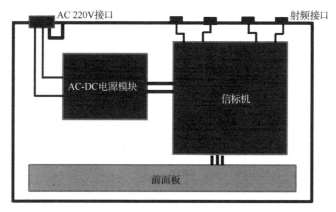

图 1.2.2　产品电源输入电路示意图

从图 1.2.2 可以看出，AC 220V 输入经连接器进入机箱电源模块，射频接口处无军用电源滤波器，因此确认会出现因电源模块接口缺少滤波装置而导致的低频传导骚扰超标问题。

3．整改措施

需要设计增加军用电源滤波器，抑制电源线低频传导骚扰。

军用电源滤波器设计方法和思路如图 1.2.3 所示。

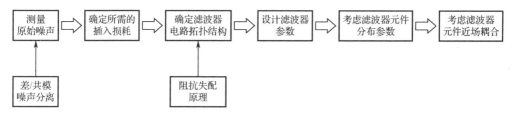

图 1.2.3　军用电源滤波器设计方法和思路

设计步骤如下：

第一步：测量原始噪声

不加电源滤波器，测试产品原始传导骚扰，同时使用差/共模噪声分离器分离出差模干扰和共模干扰，分别得到差模和共模噪声频谱。

第二步：确定所需的插入损耗

根据差模和共模噪声频谱，可以计算所需的噪声衰减量。要使经过电源滤波器后的噪声被衰减至规范标准以下，就要令所需的噪声衰减量大于或等于噪声测试值与标准限值之差。另外，需要在计算所得噪声衰减量的基础上加 6dB 的裕量。

噪声衰减量=噪声测试值-标准限值+6dB

结合图 1.2.1 测得的传导骚扰原始频谱及上面的公式，可得所需的滤波器的差模分量衰减量，如表 1.2.1 所示。

表 1.2.1　差模分量衰减量

频　率	衰　减　量
66kHz	9dB
132kHz	1dB
198kHz	0dB

备注：因图 1.2.1 中 1MHz 以上共模干扰裕量超过 15dBμV，因此在进行电源滤波器设计时，对共模衰减量可不做要求。

第三步：确定滤波器电路拓扑结构

考虑到设计的插入损耗只需要 9dB 即可满足测试要求，且产品额定电流很小，因此确定滤波器采用一级结构（二阶），根据阻抗失配原理设计的滤波器电路拓扑结构如图 1.2.4 所示。

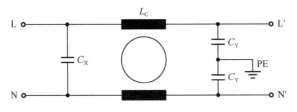

图 1.2.4　滤波器电路拓扑结构设计

第四步：设计滤波器参数

（1）确定截止频率

电源滤波器负载阻抗即 LISN 阻抗。对于理想的 50Ω 阻抗，共模阻抗相当于两个 LISN 并联，则共模负载阻抗为 25Ω；而差模阻抗相当于两个 LISN 串联，则差模负载阻抗为 100Ω。差模等效电路和共模等效电路如图 1.2.5 和图 1.2.6 所示。

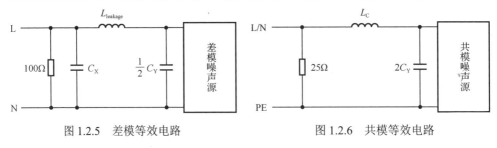

图 1.2.5　差模等效电路　　　　图 1.2.6　共模等效电路

图 1.2.5 中，由于共模电容很小，因此，相对于 C_X 电容，$\frac{1}{2} C_Y$ 可忽略，因此差

模滤波和共模滤波电路可以等效为二阶 LC 滤波器。采用频点法将差模衰减量数据的每个点连接起来，得到差模衰减曲线，如图 1.2.7 中虚线所示，共模衰减曲线可用同样的方法获得。

画一条斜率为 40dB/dec（二阶 LC 滤波器）的直线使其与差模衰减曲线相切，并使差模衰减曲线完全位于此斜线下方，此时斜线会与横轴相交于一点，此交点所对应的频率即为差模截止频率，见图 1.2.7，共模截止频率用同样的方法获得。

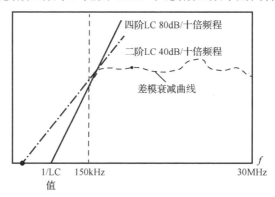

图 1.2.7　确定滤波器截止频率示意图

（2）计算滤波器件参数

共模和差模截止频率分别为 f_{CM} 和 f_{DM}，结合军用滤波器测试频段特点：

$$f_{CM}=500\text{kHz}$$

$$f_{DM}=5\text{kHz}$$

电容 C_Y 根据滤波器漏电流的大小确定，安规要求（安全要求）漏电流 $I_g<3.5\text{mA}$，则

$$C_{Y\max}<\frac{I_g}{U_m\times 2\pi f_m}\times 10^6 \text{nF}$$

式中：U_m 为电源电压，单位为 V；f_m 为电源频率，单位为 Hz。

取电容 C_Y 为 4700pF，则共模截止频率为

$$f_{CM}=\frac{1}{2\pi\sqrt{L_{CM}\times C_{CM}}}$$

式中：$L_{CM}=L_C$，$C_{CM}=2C_Y$。

代入以上式子，近似得到共模电感：$L_{CM}=10\text{mH}$

一般以共模电感（0.5～1）%的漏感作为差模电感，则差模电感 $L_{DM}=50\mu\text{H}$。

差模截止频率为

$$f_{DM}=\frac{1}{2\pi\sqrt{L_{DM}\times C_{DM}}}$$

计算近似得到差模电容：$C_{DM}=C_X=1.0\text{uF}$

4．实践结果

依据前面设计得到的参数，打样 220V 交流电源滤波器，将其安装在产品电源输入接口，如图 1.2.8 所示。

图 1.2.8　设计打样的 220V 交流电源滤波器

产品安装电源滤波器后，同时将滤波器壳体良好接地，测试得到传导骚扰超标的频点（66kHz）超标量改善约 10dB，如图 1.2.9 所示。此结果非常接近滤波器差模插入损耗设计的 9dB 要求，试验通过。

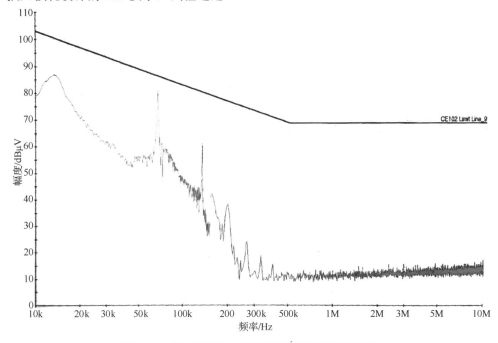

图 1.2.9　增加设计的电源滤波器后传导骚扰频谱图

【岛主点评】

电源滤波设计是解决传导骚扰最常用的方法和手段。工程师常常满怀期待地询问，滤波电感要选多大或者电容要选多大，等等，恨不得别人能帮他"点石成金"。电源滤波设计需要因地制宜，周密演算，岂可轻论大小！本案例产品传导骚扰超标，通过针对性定制开发电源滤波器成功化解，本节完整归纳和总结了电源滤波器工程设计方法和思路，解决了工程师滤波参数设计选择时的困惑和不解。

1.3 通过改变变压器绕制方法解决传导骚扰超标案例

1. 问题描述

某产品板载 DC-DC 电源模块体积很小，且电源模块上没有接地点 PE，因此，既不能采用体积较大的电感，又不能使用共模电容（Y 电容）进行滤波，其传导骚扰测试原始结果如图 1.3.1 所示。

从图 1 可以看出，传导骚扰平均值在 0.3MHz 频点超标，试验不通过。

2. 原因分析

采用增大电源输入端差模电感和 X 电容、调整抖频电路、增大开关管的吸收电路、调整高频变压器一次侧、二次侧的 Y 电容等措施，0.3MHz 超标频点没有明显改善，断开 PE 线，0.3MHz 频点幅度下降 12dB，因此确认传导骚扰超标的原因是出现了共模问题。

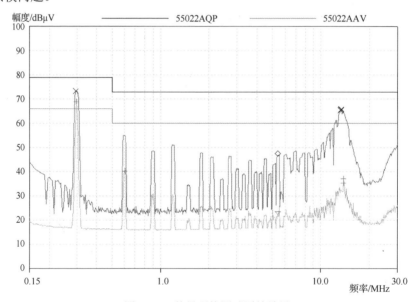

图 1.3.1　传导骚扰测试原始结果

查看 PCB 器件，发现变压器一次侧、二次侧采用三明治绕法，变压器的绕制方法见表 1.3.1。

表 1.3.1　变压器的绕制方法

层数	1	2	3	4	5	6	7	8	9	10	11	12
第一版的绕制方法	AUX	P	S	S	P	S	S	P	S	S	P	AUX

表 1.3.1 中 P 表示一次侧，S 表示二次侧，AUX 表示辅助电源绕组。第一版采用"一层一次侧-两层二次侧-一层一次侧"的紧密绕法。

三明治绕法的优点是可以增加一次绕组和二次绕组有效耦合面积，极大地减少了变压器的漏感，从而降低了漏感引起的电压尖峰；同时由于变压器一次绕组中间增加了二次绕组，所以减少了变压器一次绕组层间的分布电容，使得电路中的寄生振荡减少。但这种绕制方法同时会增大变压器一次绕组和二次绕组间的耦合电容，从而为共模干扰提供回路，如图 1.3.2 所示。

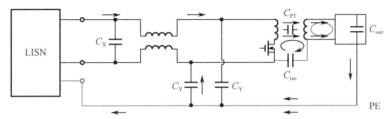

图 1.3.2　变压器耦合电容提供共模回路

开关管是共模干扰源，通过变压器的寄生耦合电容电磁干扰会从一次侧耦合到二次侧。由于二次侧 GND 直接连 PE 或者分布参数效应耦合到 PE，因此输出线上的共模噪声将直接导入 PE，从而流经 LISN（线路阻抗稳定网络），导致传导骚扰超标。

为确认共模干扰是否沿变压器寄生电容流动，可以把一次侧、二次侧的"地"短接（慎用，可能导致炸机），如图 1.3.3 所示，让干扰从二次侧旁路回开关电路源头。

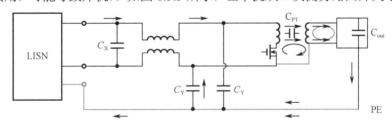

图 1.3.3　变压器一次侧、二次侧"地"短接以后的共模干扰路径

此时测试传导骚扰，0.3Hz 频点幅度下降 12dB，因此确认是由变压器寄生电容产生的共模回路导致的传导问题，变压器一次侧、二次侧的"地"短接后测试结果如图 1.3.4 所示。

3．整改措施

改进变压器绕制工艺，把一次侧放在中间，减少一次侧和二次侧相邻的层数，从而减小一次侧和二次侧的寄生电容。改进后变压器的绕制方法见表 1.3.2。

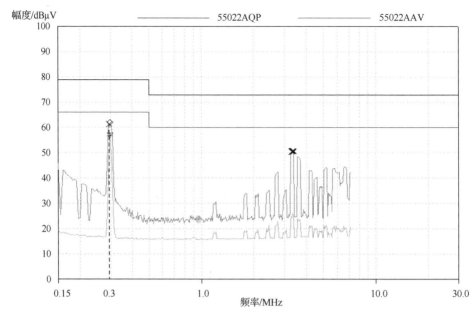

图 1.3.4　变压器一次侧、二次侧的"地"短接后测试结果

表 1.3.2　改进后变压器的绕制方法

层数	1	2	3	4	5	6	7	8	9	10	11	12
第二版的绕制方法	AUX	S	S	S	P	P	P	P	S	S	S	AUX

改进绕制工艺后变压器一次绕组、二次绕组的寄生电容随频率的变化曲线如图 1.3.5 所示。

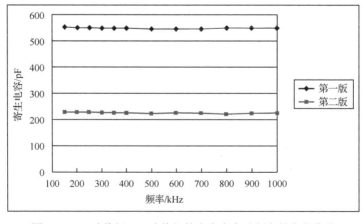

图 1.3.5　一次绕组、二次绕组的寄生电容随频率的变化曲线

从图 1.3.5 可以看出，改进变压器绕制工艺后，此时 0.3MHz 处的寄生电容为 226pF，相对于第一版 548pF 寄生电容大大减小，从而增大了变压器原、副边共模路径的阻抗。

4. 实践结果

整改后的传导骚扰测试结果如图 1.3.6 所示。

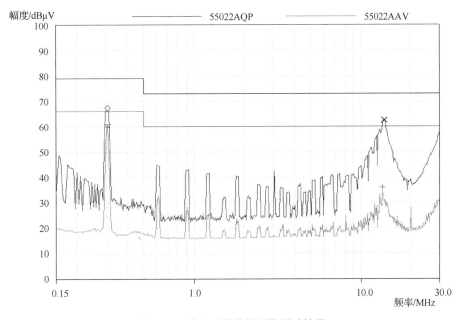

图 1.3.6　整改后的传导骚扰测试结果

从图 1.3.6 可以看出，整改后 0.3MHz 频点传导骚扰平均值有 6.2dB 的裕量，试验通过。

采用以上绕制方法之后，担心变压器的漏感增大，导致管子应力增大及影响效率，测试第二版续流管的开机应力为 98V，正常工作最大应力为 110V，比第一版的应力稍大，但是差别小于 10V，效率也并无恶化，第一版、第二版效率对比见表 1.3.3。

表 1.3.3　第一版、第二版效率对比

带载（%）	100	50	20
第一版的绕制方法	92.3%	90.89%	83.22%
第二版的绕制方法	92.3%	90.83%	83.48%

【岛主点评】

在进行开关电源 EMC 设计时，变压器往往容易被忽视，难不成变压器和电磁干扰也有关系？真相确实如此！变压器不仅是电磁干扰源之一，又是 EMI 的重要耦合通道，究其根源其实都是绕组的寄生参数，看不见、摸不着，但危害不浅。本案例产品传导骚扰超标，经过缜密的诊断和分析，为变压器一次绕组、二次绕组寄生电容形成的共模通道引起，后通过改进变压器绕制工艺，减小寄生电容成功化解。本案例的方法和思路启示我们，减小变压器一次绕组、二次绕组寄生参数（如寄生电容）是减小电源电磁干扰的重要举措。

1.4 某DC-DC模块通过输入滤波解决电信端口传导骚扰超标整改案例

1. 问题描述

在进行某产品电信端口传导骚扰测试时，0.64MHz 和 1.2MHz 频点传导骚扰平均值裕量不满足企业 EMC 标准要求（即电信端口传导骚扰超标），如图 1.4.1 所示。

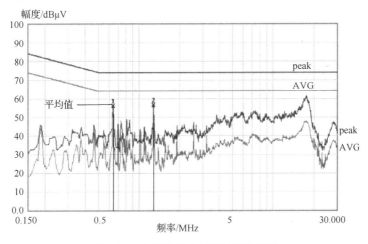

图 1.4.1　电信端口传导骚扰原始频谱

2. 故障诊断

从图 1.4.1 可以看出，裕量不足的频点是 0.64MHz 和其倍频，而 0.64MHz 频率通常为 DC-DC 模块的开关频率。

单板上 DC-DC 模块电路主要有：12V 转 5V_M 、12V 转 3V3_STB、 12V 转 1V_VDDC、12V 转 VDDC_CPU、3.3V_STB 转 1V5_DDR。由于 3.3V_STB 转 1V5_DDR 开关工作频率是 1.5MHz，因此排除其影响，而其他 DC-DC 模块开关频率都是 600kHz，需要进一步确认。

使用频谱分析仪和近场探头分别测量 5V_M、3V3_STB、1V_VDDC、VDDC_CPU 的开关频率，经过测试分析，确认是 12V 转 3V3_STB DC-DC 模块出现问题从而引起了电信端口传导骚扰测试不达标。修改 12V 转 3V3_STB DC-DC 模块输出端滤波电感的电感量，从而改变其开关频率，此时进行电信端口传导测试，发现传导骚扰裕量不足的频点随之改变，因此排除其他 DC-DC 模块干扰的可能。

3．原因分析

干扰产生的源头是 DC-DC 模块开关频率及其谐波，其先通过 DC-DC 模块输入电源供电引脚向外耦合，再通过寄生电容耦合到参考地平面，造成参考地平面上存在噪声干扰。此时参考地平面噪声通过阻抗稳定网络（ISN）与网络差分信号形成电流环路，将被 ISN 检测到，如图 1.4.2 所示。

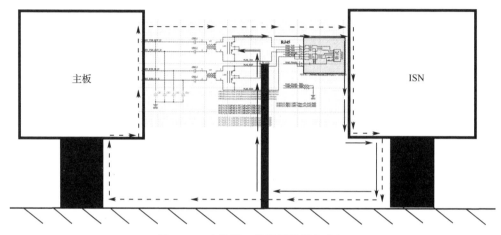

图 1.4.2　电信端口传导骚扰耦合路径

从图 1.4.2 可以看出，电信端口传导骚扰有三种耦合路径：

路径一：主板→耦合电容→共模电感→RJ45 端子→ISN→参考地平面→主板形成电流环路；

路径二：主板→自耦变压器→RJ45 端子→ISN→参考地平面→自耦变压器形成电流环路；

路径三：主板→RJ45 端子 Pin4&5/Pin7&8→ISN→参考地平面→75Ω 电阻形成电流环路。

以上耦合路径的存在，都将导致电信端口传导骚扰测试不达标。

4．整改措施

根据以往 DC-DC 模块电信端口传导骚扰问题分析与整改实践，主要解决方法是 DC-DC 模块供电电源的滤波，即需要调整 DC-DC 模块输入/输出端滤波电路设计。12V 转 3V3_STB DC-DC 模块输入/输出端滤波电路设计如图 1.4.3 所示（该图为软件导出图，未进行标准化处理）。

从图 1.4.3 可以看出，DC-DC 模块输入端使用 2 个电容滤波，滤波效果有限，为加强 DC-DC 模块电磁干扰滤波，在 DC-DC 模块电源输入端增加 1 个 10μF 电容和 1 个 300Ω 磁珠，与原来滤波电路形成 π 型滤波，从而增加滤波电路的插入损耗，滤除 DC-DC 模块产生的噪声干扰，整改后如图 4 所示（该图为软件导出图，未进行标准化处理）。

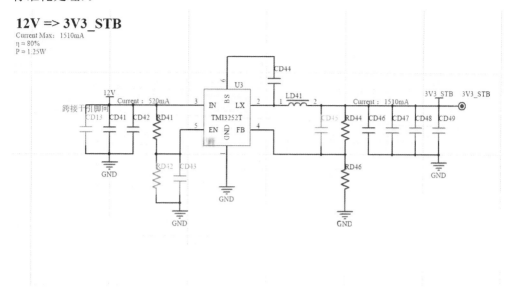

图 1.4.3　整改前 DC-DC 模块输入/输出端滤波电路设计

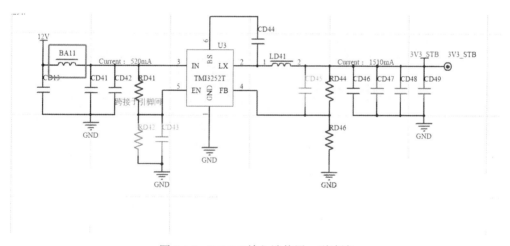

图 1.4.4　DC-DC 输入端使用 π 型滤波

5. 实践结果

将滤波电容 CD13 与 CD41 之间的 PCB 布线割断，然后跨接 1 个磁珠构成 π 型滤波，整改后如图 1.4.5 所示。

图 1.4.5 整改后的布线

整改后进行传导骚扰测试，其结果如图 1.4.6 所示。

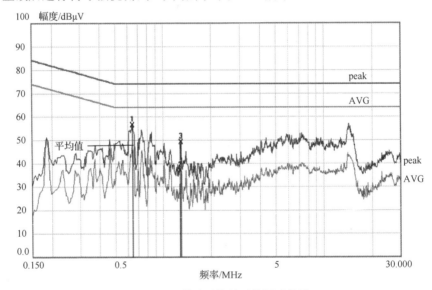

图 1.4.6 整改后传导骚扰测试结果

从图 1.4.6 可以看出，对 DC-DC 模块输入端增加 π 型滤波电路之后，传导骚扰平均值裕量改善至 10dB 以上，满足企业 6dB 裕量的要求，试验通过。

【岛主点评】

DC-DC 模块在单板上毫不起眼，往往给人一种"人畜无害"的错觉，导致很多工程师在定位干扰源时往往将其选择性忽略，殊不知，它才是电磁干扰最厉害的"角色"，而 DC-DC 模块输入/输出端滤波是关键。本案例 DC-DC 模块电磁干扰导致电信端口传导骚扰超标，经过缜密的诊断和分析，最后通过加强 DC-DC 模块输入端滤波电路成功解决。本案例的方法和思路启示我们，DC-DC 模块电磁干扰会通过各种途径向其他电路和器件耦合，因此对 DC-DC 模块进行滤波抑源，把根往下扎，就能把 EMC "做上天"。

1.5 某产品通过电源输出滤波解决传导骚扰超标案例

1. 问题描述

某军用车灯传导骚扰测试（见图 1.5.1），需要通过 GJB 151B 陆军地面设备电磁兼容标准要求，其在实验室传导骚扰测试原始结果如图 1.5.2 所示。

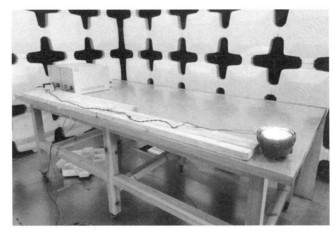

图 1.5.1 某军用车灯传导骚扰测试

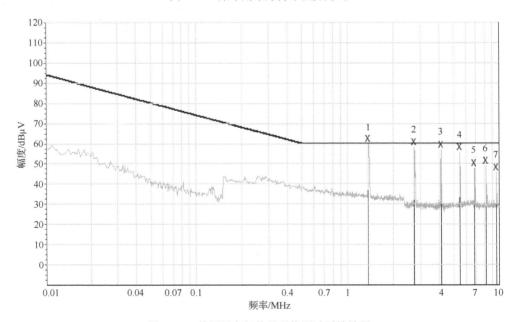

图 1.5.2 某军用车灯传导骚扰测试原始结果

从图 1.5.2 可以看出,产品在 1MHz 以上存在离散的窄带频点超标或者裕量不足,试验不通过。

2. 原因分析

本产品原理是将输入的 24V 直流电源,经恒流源驱动板恒流驱动后输出给 LED 灯,恒流源驱动板的作用是保持电流稳定。

LED 灯由于正向伏安特性曲线非常陡峭,不能像普通白炽灯一样,直接用电压源供电,否则,电压稍增,就会使电流增大到能将 LED 灯烧毁的程度。为了稳定 LED 灯的工作电流,保证 LED 灯能正常可靠地工作,需要采用具有"镇流功能"的"恒流驱动器"来保持电流的稳定。

恒流源驱动板恒流驱动电路图如图 1.5.3 所示(该图为软件导出图,未进行标准化处理)。

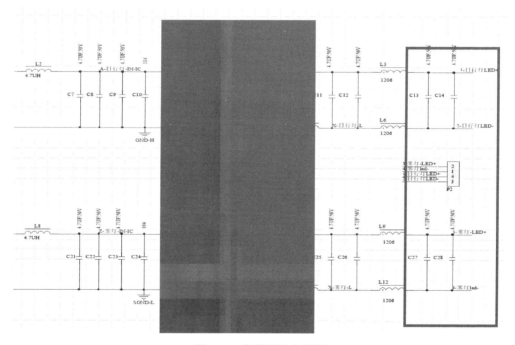

图 1.5.3　恒流驱动电路图

从图 1.5.3 可以看出,产品采用的是开关电源驱动方案,这种方案虽然效率高、输出稳定,但开关电源本身具有电磁干扰比较强的特点,为避免电磁干扰沿着线缆扩散,需要对开关电源模块输入/输出端进行滤波。而图 1.5.3 驱动电路输入端对地有共模电容滤波,驱动电路输出端仅有线-线差模滤波,无线-地共模滤波,因此,确认问题由开关电源模块输出端无线-地共模滤波所致。

3．整改措施

产品低频辐射骚扰测试频谱结果如图 1.5.4 所示。

根据图 1.5.2 和图 1.5.4 测试频谱，恒流驱动电路引起的传导骚扰和辐射发射超标频段主要在 1～50MHz，而 0.01μF 贴片电容谐振频点约为 50MHz，在 50MHz 以内电容表现为容性，有很好的滤波效果，不同容值电容自谐振频率见表 1.5.1。

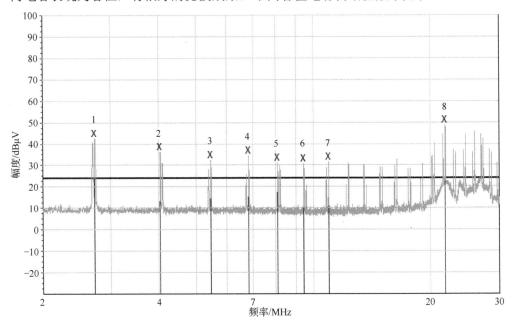

图 1.5.4　产品低频辐射骚扰测试频谱结果

表 1.5.1　不同容值电容自谐振频率

数　　值	0.25in 引线	表面安装（0805）
1.0μF	2.6MHz	5MHz
0.1μF	8.2MHz	16MHz
0.01μF	26MHz	50MHz
0.001μF	82MHz	159MHz
500pF	116MHz	225MHz
100pF	260MHz	503MHz
10pF	821MHz	1.6GHz

因此选择在输出线上对地加 0.01μF 电容对驱动电路开关电源输出端进行共模滤波（即增加线-地共模滤波），如图 1.5.5 所示。

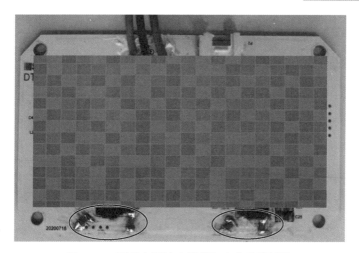

图 1.5.5　开关电源输出端增加电容共模滤波

4．实践结果

整改后进行传导骚扰和辐射骚扰测试，试验通过，如图 1.5.6 所示。

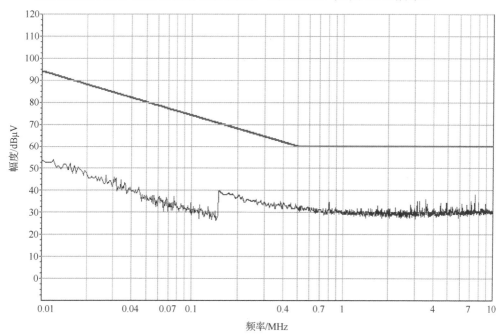

图 1.5.6　输出端增加电容共模滤波后的测试结果

对开关电源输出端增加电容共模滤波之后，传导发射频谱基本变成低噪声，试验通过，效果很好。

【岛主点评】

开关电源工作在高频开关状态，有很强的电压变化率（du/dt）和电流变化率（di/dt），这是产品中强电磁干扰的来源，也是传导骚扰超标的"罪魁祸首"，因此，在进行产品 EMC 设计时，开关电源共模滤波就成为重中之重。本案例产品传导骚扰超标，经过缜密的诊断和分析，为开关电源输出端无共模滤波所致，后通过在输出线上对地加电容成功解决。本案例的方法和思路启示我们，开关电源设计时输入/输出端滤波事关产品 EMC 的成败。

某产品通过开关电路源头滤波解决传导骚扰超标案例

1. 问题描述

某系统非常复杂,产品带有很多功能模块和负载,样机出来之后在传导骚扰测试时,150kHz～30MHz 频段多处超标。

整改时采取了很多措施,包括在产品输入端电源机箱 I/O 接口位置增加两个大的非晶磁环等。此时传导骚扰虽然可以勉强符合标准要求,但是,本产品对成本要求严格,非晶磁环成本较高,应用受限;另外,整改后传导骚扰裕量也不满足企标 6dB 要求,如图 1.6.1 所示。

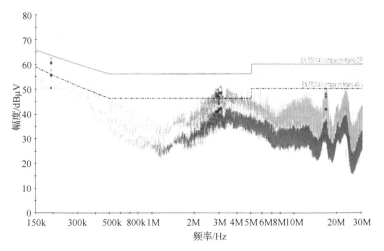

图 1.6.1　产品采取多种措施整改后传导骚扰测试结果

2. 故障诊断

本产品模块包括开关电源、功率驱动、PFC 电路、控制电路、检测电路等,分别连接不同的负载,主要电磁干扰问题归纳如下:

(1)模块上高压、低压开关电路很多,都是很强的电路干扰源;

(2)模块空间狭小,各个功能模块电路空间距离很近,近场耦合显著;

(3)模块上各种互连线缆极多,线缆之间、线缆与电路和器件之间容性耦合显著;

(4)单板成本要求高,采用 2 层板布局布线。

产品硬件单板模块如图 1.6.2 所示。

图 1.6.2　产品硬件单板模块

从图 1.6.2 可以看出，虽然产品单板尺寸很小，但集成了很多功能模块，同时，单板上的线缆密如蛛网，以上因素对 EMC 设计来说极具挑战。

鉴于以上问题，诊断时采取以下措施：

（1）将产品所有线缆，比如电源线、驱动线缆、控制线缆、通信线缆、检测线缆、控制线缆等分类捆扎，避免相互之间发生耦合；

（2）在驱动线缆、电源输入/输出端等强干扰线缆单板接口加磁环，从电路源头抑制电磁干扰。

经过以上整改，再次测试产品传导骚扰，结果没有任何改变，因此初步判断，产品因强干扰源多、线缆多，导致线缆与线缆、线缆与器件、线缆与布线近场耦合非常显著，因此，上述措施，必然徒劳无功。

3．原因分析

产品干扰源和布线众多，且空间狭小，则两个电路之间必然存在着分布电容，干扰电路的端口电压（干扰源电压）会导致干扰回路中有电荷分布，这些电荷产生的电场 du/dt，部分会被敏感电路拾取，当电场随时间变化时，敏感回路中的时变感应电荷就会在回路中形成感应电流，此时产生电容性耦合，原理如图 1.6.3 所示。

解决电容性耦合的思路，或增大干扰源和敏感电路之间的空间距离，或降低干扰源电压，在单板空间、布线、层叠已定的情况下，要降低电容性耦合，只能采取抑源的措施，即降低干扰源电压，从而降低电容性耦合。

4．整改措施

对模块上各开关电路增加滤波措施，将电磁干扰限制在开关电路源头，反激电源开关管 D 极加磁珠、反激电源整流二极管加 RC 吸收电路、PFC 电路升压二极管对地加电容、PFC 电路 MOS 管 DS 极加 RC 吸收电路、风机驱动 U、W、V 对地加电容分别如图 1.6.4、图 1.6.5、图 1.6.6、图 1.6.7、图 1.6.8 所示（均为软件导出图，未进行标准化处理）。

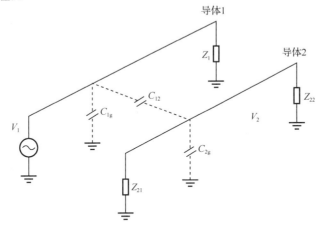

图 1.6.3　电容性耦合原理

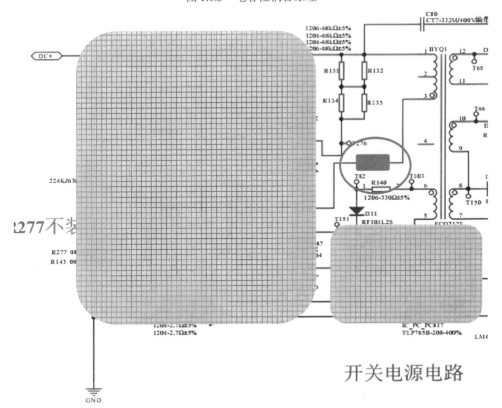

图 1.6.4　反激电源开关管 D 极加磁珠

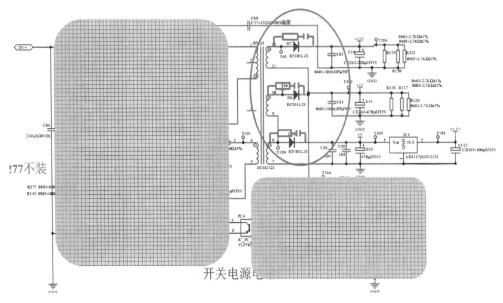

图 1.6.5　反激电源整流二极管加 RC 吸收电路

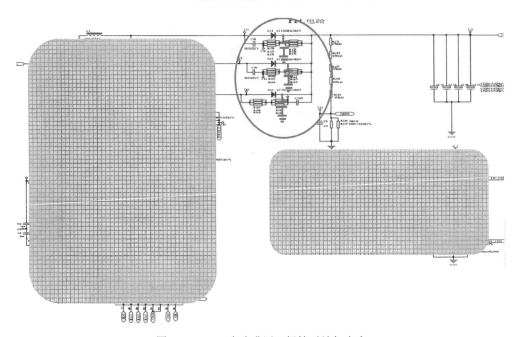

图 1.6.6　PFC 电路升压二极管对地加电容

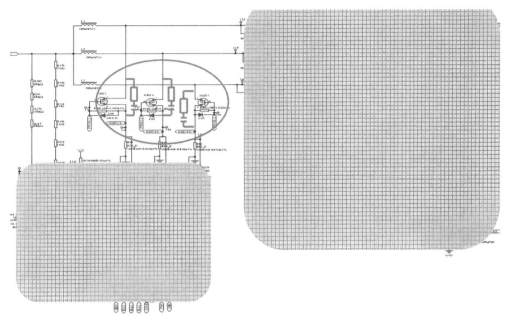

图 1.6.7　PFC 电路 MOS 管 DS 极加 RC 吸收电路

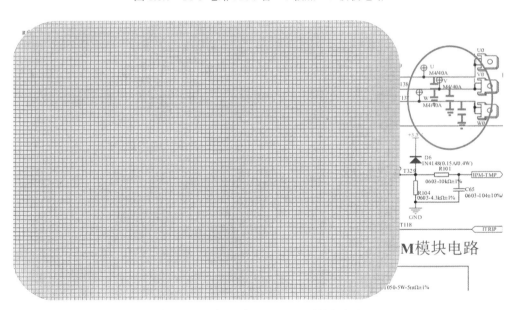

图 1.6.8　风机驱动 U、W、V 对地加电容

5. 实践结果

根据前面的分析和改进措施,在单板上各开关电路源头增加滤波措施,如图 1.6.9 所示。

图 1.6.9 开关电路源头增加滤波措施

整改后进行传导骚扰测试，结果如图 1.6.10 所示。

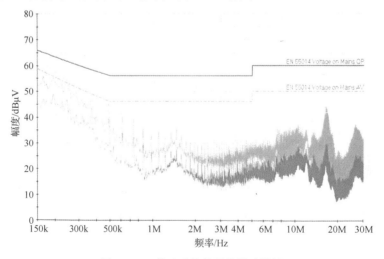

图 1.6.10 整改后传导骚扰测试结果

从图 1.6.10 可以看出，对开关电路源头滤波之后，传导骚扰低频改善至 10dB
以上，满足企业 6dB 裕量的要求，试验通过。

【岛主点评】

电源接口滤波是解决传导骚扰问题的重要手段，但绝不是唯一手段，特别是针对低成本、小空间、多模块、多线缆的产品，此时存在各种近场耦合，往往使得电源接口滤波效果大打折扣。本案例产品传导骚扰超标，电源接口滤波无效，后采取抑源措施，即将开关电路产生的电磁干扰严格限制在其源头后成功化解。本案例的方法和思路启示我们，在开关电路源头进行滤波，可以避免电磁干扰扩散，从而降低复杂产品内部容性或感性耦合的风险，此时往往会取得事半功倍的效果。

1.7 开关电路布局近场耦合导致传导骚扰超标整改案例

1. 问题描述

某产品 AC 220V 开关电源输入线在进行传导骚扰测试时，0.54MHz 频点传导骚扰裕量不足，如图 1.7.1 所示，试验不通过。

2. 故障诊断

产品 AC 220V 电源开关频率约为 0.065MHz，而超标频点为 0.54MHz，不是开关频率，排除 AC 220V 开关电源出现问题的可能性。拔掉开关电源次级背光模块，此时测试无改善，另外，功放电路开关频率约为 0.31MHz，也可确认排除该模块问题。综上所述，排除开关电源、功放电路的影响。

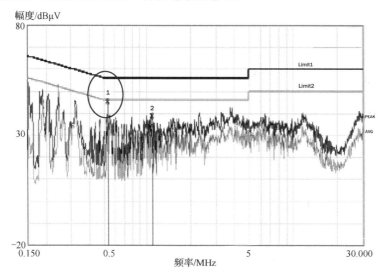

图 1.7.1　AC 220V 开关电源输入线传导骚扰原始频谱

液晶屏驱动电路模块本身使用 DC-DC 芯片，拔掉板卡 LVDS 线材后，传导测试超标频点无任何明显变化，说明与液晶屏驱动电路无关。但 DC-DC 芯片开关电源工作频率范围为 0.4～1MHz，传导骚扰测试超标频点在此范围内，初步怀疑 DC-DC 芯片开关电源电路。

DC-DC 芯片 PCB 布局布线如图 1.7.2 所示。

由图 1.7.2 可知，U_{D2} DC-DC 芯片 PCB 布局距离开关电源较近，尝试对其输出端 LC 滤波电感元件 L_{D2}，飞线（采用焊接跳线的方式）远离开关电源模块，此时传导骚扰测试超标频点消失，认为干扰源为 U_{D2} DC-DC 芯片开关电源。

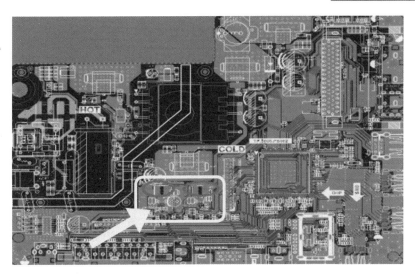

图 1.7.2　DC-DC 芯片 PCB 布局布线

3．原因分析

由于 DC-DC 芯片开关电源工作频率无法更改,尝试修改 DC-DC 芯片输出端 LC 滤波参数,如图 1.7.3 所示(该图为软件导出图,未进行标准化处理)。

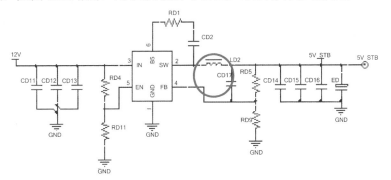

图 1.7.3　DC-DC 芯片输出端滤波

将 DC-DC 芯片输出端 LC 滤波电感元件 L_{D2} 由 4.7μH 改为 6.8μH,再进行传导骚扰测试,发现超标频点无明显变化,再将 L_{D2} 由 4.7μH 改为 2.2μH,传导骚扰测试超标频点消失,试验通过,此时查询 DC-DC 规格书确认参数修改的可行性,如表 1.7.1 所示。

表 1.7.1　DC-DC 芯片推荐输出端滤波电感值(规格书)

输出电压(V)	R_1(kΩ)	R_2(kΩ)	L_1(μH)			C_8+C_9(μF)
			MIN	TYP	MAX	
1	3.09	10.0	1.5	2.2	4.7	20～68

续表

输出电压（V）	R_1（kΩ）	R_2（kΩ）	L_1（μH）			C_8+C_9（μF）
			MIN	TYP	MAX	
1.05	3.74	10.0	1.5	2.2	4.7	20～68
1.2	5.76	10.0	1.5	2.2	4.7	20～68
1.5	9.53	10.0	1.5	2.2	4.7	20～68
1.8	13.7	10.0	1.5	2.2	4.7	20～68
2.5	22.6	10.0	2.2	2.2	4.7	20～68
3.3	33.2	10.0	2.2	2.2	4.7	20～68
5	54.9	10.0	3.3	3.3	4.7	20～68
6.5	75	10.0	3.3	3.3	4.7	20～68

DC-DC 芯片 5V 电压输出时，芯片供应商推荐 LC 滤波电感取值为 3.3～4.7μH，若将输出端 LC 滤波电感改为 2.2μH 则不符合芯片应用要求，故不可以使用 2.2μH 电感；另外，L_{D2} 为非屏蔽电感，考虑物料导入周期较长，此方案也不能应用。

DC-DC 芯片距离左边 AC 220V 电源输入电路很近，怀疑其会向 AC 220V 电源输入接口滤波电路空间耦合电磁干扰，故将 AC 220V 电源输入端距离 DC-DC 芯片最近的 X 电容拆下焊接在 PCB 底层，如图 1.7.4 所示。

图 1.7.4 AC 220V 电源输入端 X 电容改到 PCB 底层

再一次进行传导骚扰测试，此时 0.54MHz 超标频点消失，反复使用多个样机试验，结果均相同。

综上所述，DC-DC 芯片输出端 LC 滤波电感由于是非屏蔽电感，存在磁场泄漏，其与 X 电容空间距离很近，近场耦合到 X 电容上产生骚扰电压从而进入电源输入线，

再通过 AC 220V 电源进入线路阻抗稳定网络（LISN），被接收机检测到，最终导致
传导骚扰测试超标。

4．整改措施

经与电源工程师沟通，将热敏电阻、保险丝均移除，将 X 电容飞线平行布置在
电源插座与共模电感之间，整改后实物和 PCB 如图 1.7.5、图 1.7.6 所示。

图 1.7.5　电源输入端 X 电容远离 DC-DC 芯片

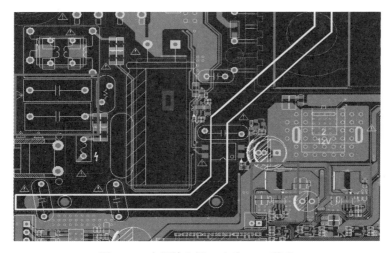

图 1.7.6　电源输入端 X 电容 PCB 整改

5．实践结果

整改后进行传导骚扰测试，结果如图 1.7.7 所示。

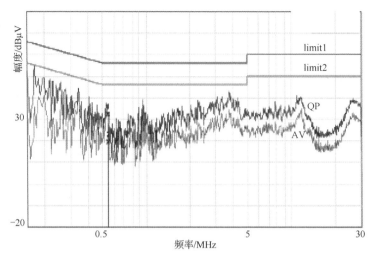

图 1.7.7　整改后传导骚扰测试结果

从图 1.7.7 可以看出，调整 AC 220V 输入端 X 电容位置后，传导骚扰测试结果改善，试验通过。

【岛主点评】

PCB 布局是产品 EMC 的重要保障，特别针对电磁强干扰源与敏感源，布局时需要增加两者之间空间隔离度，避免其相互耦合。本案例传导骚扰测试超标，经过缜密的诊断和分析，发现 DC-DC 芯片与电源输入接口滤波电路两者布局空间位置很近，从而导致 DC-DC 电路电磁干扰直接耦合到了滤波电路，后通过调整 X 电容位置成功化解。本案例的方法和思路启示我们，在进行开关电源布局时，要极力避免开关电路与滤波电路相互间的空间耦合，否则，所有的努力都将功亏一篑，化为泡影。

1.8 某产品通过增大接地阻抗解决传导骚扰超标案例

1. 问题描述

某通信产品为 DC 48V 供电，其在进行传导骚扰测试时，在低频 0.3MHz 频点传导骚扰平均值超标约 10dB，试验不通过，测试原始结果如图 1.8.1 所示。

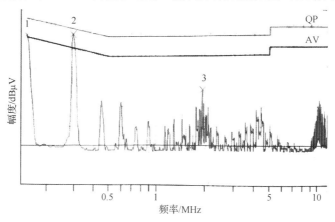

图 1.8.1 传导骚扰测试原始结果

2. 故障诊断

去掉产品的保护接地线，此时传导骚扰可以通过测试。根据共模干扰的原理，在进行传导骚扰测试时，地线主要对共模干扰产生影响，特别是在具有金属外壳的产品上，这种影响最为显著，因此，可以推断问题是由共模干扰所导致的。

3. 原因分析

开关电源是产品传导骚扰的主要来源，其中，开关管、变压器、整流二极管工作在高频开关工作状态，工作时会产生严重的电磁干扰，由于寄生参数的影响，以上器件和电路会与散热器、机壳、水平参考接地平板等产生寄生电容，从而形成共模回路，将电磁干扰传导到 LISN，导致共模干扰。

产品接地共模干扰原理如图 1.8.2 所示。图中箭头指示的路径代表共模电流。大部分由开关电源产生的共模干扰将通过电源接口滤波电路中的 Y 电容旁路并返回其源头。但是，由于产品机壳接地，仍有一部分共模干扰电流以地线作为低阻抗路径流入 LISN。在 LISN 中这些电流被接收并识别为共模干扰。

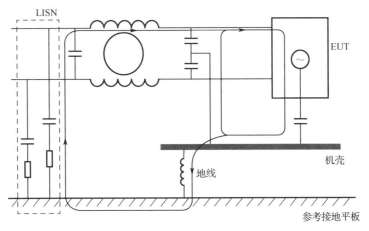

图 1.8.2　产品接地共模干扰原理

去掉产品接地线，如图 1.8.3 所示。

此时 EUT 与 PE 断开，虽然机壳与参考接地平板之间存在分布电容，但很小，基本可以忽略，因此理论上断开了共模干扰电流流入 LISN 的路径，此时共模干扰电流将主要通过 Y 电容返回源头，因而传导测试结果会变好。

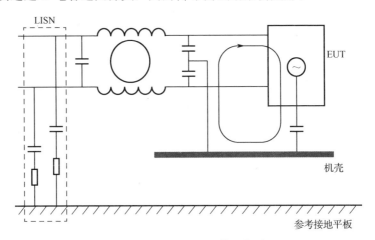

图 1.8.3　产品不接地共模干扰原理

4．整改措施

产品金属机壳接地的目的和作用如下：

（1）保护接地

电子设备的金属机壳与大地相连接，其目的是在事故状态时防止金属机壳上出现过高的对地电压而危及操作人员的安全；保护地主要用以防止工频故障电压对人身造成危害。

（2）防雷接地

把可能受到雷击浪涌的物体和大地相接，以提供泄放雷击大电流的通路，使得雷击大电流分流，保护电子或电气设备免遭损害。

本产品为 DC 48V 供电，不存在故障电压对人身造成危害的可能，但产品应用场景是室外铁塔，因此，需要考虑防雷，产品金属机壳接地的目的正是如此。所以，产品地线需要泄放雷击大电流，不可以去除。

产品雷击浪涌上升沿时间为 μs 级，频率极低，一般认为雷击浪涌频率在 0.1MHz 左右，而信息技术类产品传导骚扰测试频段为 0.15～30MHz，因此，应在地线上增加锰锌铁氧体磁环，从而增加地线的共模阻抗，如图 1.8.4 所示。

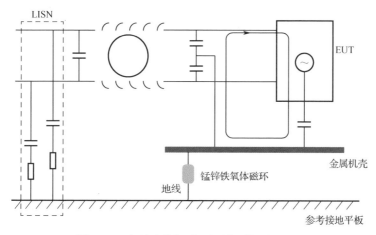

图 1.8.4　产品地线加磁环抑制共模干扰原理

从图 1.8.4 可以看出，在地线上增加锰锌铁氧体磁环后，相当于共模接地阻抗增大，极端情况下与去掉地线类似，此时流经地线的共模电流减小，从而流入 LISN 的共模电流减小，因此将改善传导骚扰测试的结果。

5. 实践结果

在产品 PE 接地线上增加锰锌铁氧体磁环并绕制两匝，同时使用热缩管固定，然后进行传导骚扰测试，此时低频 0.3MHz 频点传导骚扰裕量在 20dB 以上，试验通过，结果如图 1.8.5 所示。

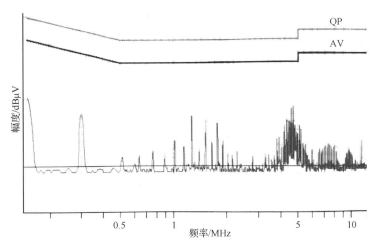

图 1.8.5　产品地线增加锰锌铁氧体磁环传导骚扰测试结果

【岛主点评】

工程师在面对传导骚扰测试超标问题时，可能会意外发现，通过移除产品的保护性地线（PE）或者加装磁环，不仅能够使测试顺利通过，而且在某些情况下还能显著提升测试性能，令人感到匪夷所思！何故？实则是切断了共模干扰电流的路径，减小了流经 LISN 的共模电流。本案例产品传导骚扰测试超标，通过在地线上增加锰锌铁氧体磁环成功化解。本案例的方法和思路启示我们，电磁干扰的实质是共模干扰，对症下药切断电磁干扰对地的共模路径，效果可立竿见影！

第2章 辐射案例

2.1 某产品通过开关电路增加RC吸收解决辐射骚扰超标案例

1. 问题描述

某电力产品在实验室进行辐射骚扰（注：本章所涉及的均为民用产品，习惯使用"辐射骚扰"而不是"辐射干扰"）测试时，结果不满足电磁兼容标准 CLASS B 等级要求，30M～1GHz 辐射原始频谱如图 2.1.1 所示。

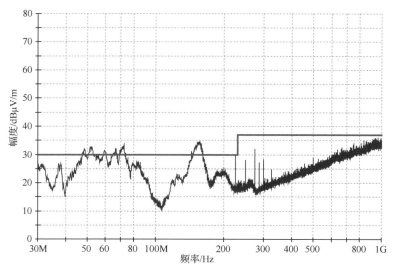

图 2.1.1　30MHz～1GHz 辐射原始频谱

从图 2.1.1 可以看出，产品辐射骚扰在 40～200MHz 之间超标，最大超标量约为5dB，测试不通过。

2. 故障诊断

如图 2.1.1 所示，产品辐射骚扰在 40～200MHz 之间超标，根据频率与波长的关系，应该为线缆的辐射问题，而超标频谱为宽带包络，因此怀疑问题是由 AC 220V 电源线辐射骚扰导致的。考虑到镍锌铁氧体磁环对于该超标频段有很好的抑制效果，因此，在 AC 220V 电源线上增加该类磁环进行诊断。

当在电源线上增加镍锌铁氧体磁环后，重新测试产品的辐射骚扰，结果并没有改善，此时产品还连接有通信线缆，那么，断开产品通信线缆再进行验证，测试结果如图 2.1.2 所示。

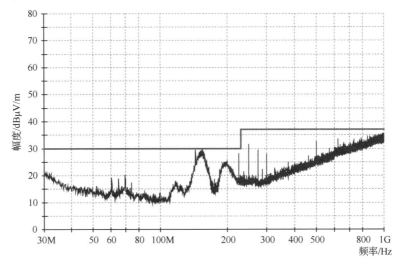

图 2.1.2　断开产品通信线缆后的结果

从图 2.1.2 可以看出，断开产品通信线缆后，测试结果可以满足 CLASS B 等级要求。确认产品内部的电磁干扰通过通信线缆向外辐射从而导致了整机辐射骚扰超标。

查看产品内部结构，其有两块单板——开关电源板和主板，两块单板采用层叠结构布置，上面①为开关电源板，下面②为主板，如图 2.1.3 所示。

图 2.1.3　开关电源板和主板采用层叠结构布置

从图 2.1.3 可以看出，两块单板层叠布置，且开关电源电路正好在通信线缆接口正上方。开关电源工作在高频状态，工作时会产生很强的电磁干扰，如果和通信电路就近布置，则电磁干扰可能耦合到通信电路并通过通信线缆辐射出去。

3．原因分析

产品为反激开关电源，其原理图如图 2.1.4 所示。

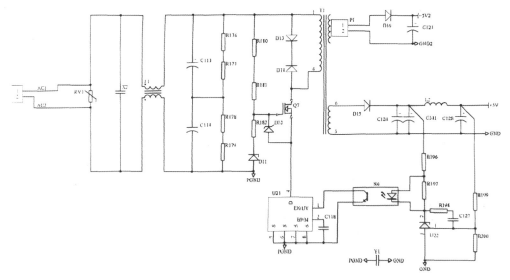

图 2.1.4　反激开关电源原理图

反激开关电源的开关管、高频变压器、整流二极管是强电磁干扰源，整流二极管寄生电容会与变压器次级漏感产生振荡，这种振荡在整流管 du/dt 和二极管反向恢复电流的影响下，会引起整流管反向电压尖峰。由于尖峰瞬变频率很高，会产生高频干扰。测试输出整流二极管两端波形，如图 2.1.5 所示。

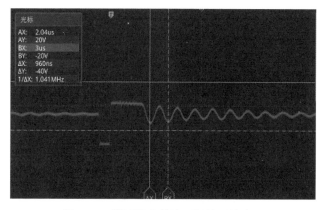

图 2.1.5　测试输出整流二极管两端波形

从图 2.1.5 可以看出，整流二极管存在尖峰振荡，振荡频率达到 1MHz 且振荡衰减时间较长，因此确定二极管尖峰振荡是辐射超标的原因。

4．整改措施

在输出整流二极管两端设计 RC 吸收电路，以减小二极管产生的尖峰振荡，如图 2.1.6 所示。

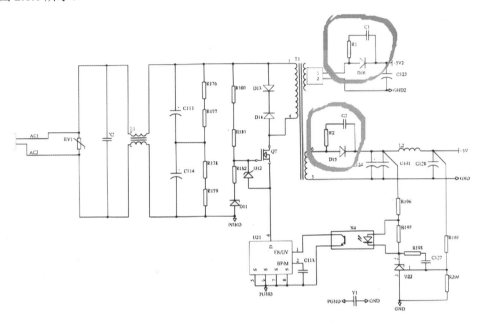

图 2.1.6　输出整流二极管两端增加 RC 吸收电路

由于吸收电路中电容器的端电压不能突变，尖峰电压脉冲能量转移到电容器中储存，电容器的储能通过电阻消耗或返回电源，起到缓冲并吸收电压尖峰及减少尖峰振荡的作用。整流二极管两端增加 RC 吸收电路后的波形如图 2.1.7 所示。

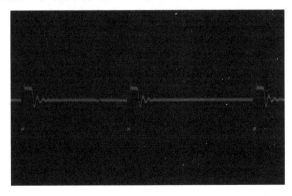

图 2.1.7　整流二极管两端增加 RC 吸收电路后的波形

从图 2.1.7 可以看出，整流二极管两端增加 RC 吸收电路后，振荡频率及衰减时间明显减小，表明 RC 吸收电路有抑制效果。

5．实践结果

整改后在标准实验室测试，辐射骚扰测试结果如图 2.1.8 所示，可以看出，40～200MHz 超标频段得到了大幅改善，满足 CLASS B 要求，测试通过。

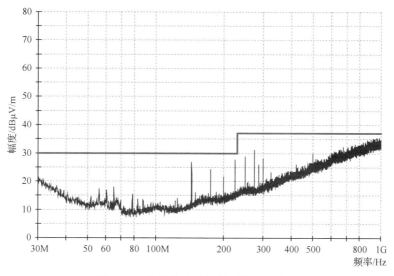

图 2.1.8　产品整改后辐射骚扰测试结果

【岛主点评】

根据电磁干扰三要素，EMC 问题解决的手段多种多样，可谓仁者见仁，智者见智。在所有电磁干扰源里面，开关电源无疑具有重要的地位，特别是反激开关电源的整流二极管，其反向恢复特性引发的高频振荡，往往会导致开关电源高频辐射骚扰超标。本案例针对二极管尖峰振荡导致的通信线缆辐射问题，摒弃传统手段如 I/O 接口加滤波、线缆加磁环等，代之以在电路源头进行整改，通过设计增加 RC 吸收电路轻易化解。本案例的方法和思路启示我们，只有站在高处，才能举重若轻，看到胜景！

2.2 通过时钟信号展频技术解决某产品辐射骚扰超标案例

1. 问题描述

某摄像头在实验室进行辐射骚扰测试时，结果在 100～300MHz 频段超标，最大超标量约为 10dB，测试不通过，30MHz～1GHz 辐射频谱如图 2.2.1 所示。

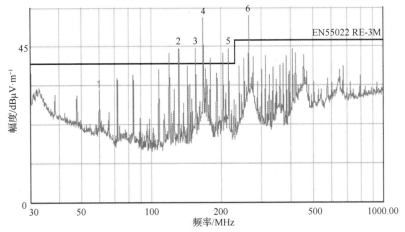

图 2.2.1　30MHz～1GHz 辐射频谱

2. 原因分析

从图 2.2.1 可以看出，超标的频点为一系列不连续窄带脉冲，非常有规律，怀疑是周期时钟信号的干扰，摄像头硬件电路框图如图 2.2.2 所示。

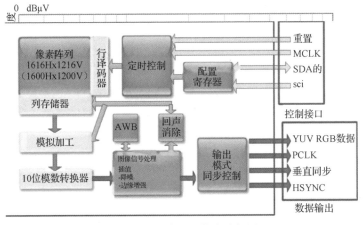

图 2.2.2　摄像头硬件电路框图

从图 2.2.2 可以看出，摄像头硬件接口包括两路时钟，PCLK 像素时钟（下行时钟）和 MCLK 系统时钟（上行时钟），PCLK 像素时钟在摄像头传送数据时，为数据提供同步信号，MCLK 系统时钟由主控芯片提供，保证摄像头正常工作。其中，PCLK 像素时钟频率为 48MHz，MCLK 系统时钟频率为 24MHz。

从图 2.2.1 可以看出，超标的频点为一系列不连续的窄带脉冲。根据周期信号时域与频域的关系，确定为 24MHz MCLK 时钟信号和 48MHz PCLK 时钟信号的谐波，因为摄像头和主板通过 PFC 排线连接，此时时钟信号布线环路很难控制，怀疑 PCLK 像素时钟和 MCLK 系统时钟为干扰源，关闭摄像头后测试辐射骚扰，结果满足标准要求。因此，确定 PCLK 像素时钟和 MCLK 系统时钟为干扰源。

3．整改措施

对于时钟电磁干扰整改，传统上主要采用降低驱动的方案。比如，软件减小逻辑速率、增加 RC 滤波，或者进行 PCB 布局布线，但本产品问题由 PFC 排线引起，排线不能被更改，所以只能降低驱动，但摄像头对图像质量要求很高，降低时钟驱动可能导致图像产生问题，因此以上方案均不可行。

时钟展频是解决辐射骚扰超标的另一种方法，它可以使窄带时钟源的能量以受控的方式分布在更宽的频带上，从而降低时钟主频和谐波的峰值幅度，其原理如图 2.2.3 所示。

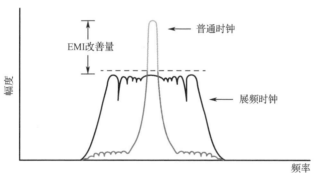

图 2.2.3　时钟展频原理

从图 2.2.3 可以看出，时钟展频可以在不改变时钟能量的情况下，降低时钟幅度，因此，需要对 MCLK 系统时钟和 PCLK 像素时钟采用展频技术，降低其辐射骚扰。

如图 2.2.4 所示，对 MCLK 系统时钟信号增加展频电路，抑制 MCLK 系统时钟的幅度，因 PCLK 像素时钟基于 MCLK 系统时钟，因此，PCLK 像素时钟不用改动，其幅度也可以同步降低。

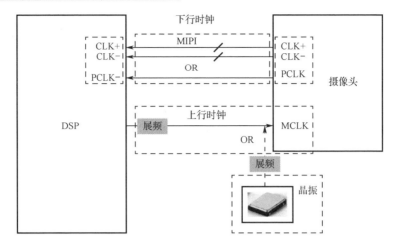

图 2.2.4　时钟信号展频

4．实践结果

在 MCLK 系统时钟信号靠近芯片位置增加展频芯片，改板后如图 2.2.5 所示。

图 2.2.5　MCLK 系统时钟增加展频芯片

测试 MCLK 系统时钟时域信号，如图 2.2.6 所示。

从图 2.2.6 可以看出，增加展频电路前后，MCLK 系统时钟时域信号几乎没有改变，因此展频不会对信号产生影响，此时测试辐射骚扰，结果如图 2.2.7 所示。

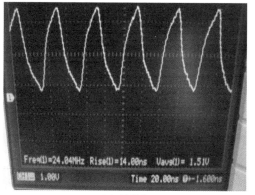

（a）展频前

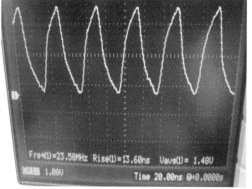

（b）展频后

图 2.2.6　MCLK 系统时钟时域信号

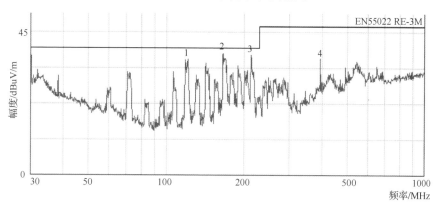

图 2.2.7　整改后辐射骚扰测试结果

从图 2.2.7 可以看出，展频后时钟及其谐波幅度改善非常明显，幅值降低 15dB 左右，测试通过。

【岛主点评】

时钟展频乃"何方神圣"，能使频谱"展翅"却不再"高飞"。在进行 EMC 测试时，很多时候产品的辐射骚扰都和时钟息息相关，因为其能量主要集中在离散的窄带频点，幅度相对较高。但由于时钟干扰源比较容易确定，工程师都觉得整改很容易，果真如此吗？未必！鉴于本案例产品的特殊性，传统的时钟电路整改方案或多或少存在缺陷，而展频技术却能很好地符合本产品应用场景并解决实际问题。展频方案通过增大时钟频带的宽度而降低其频谱的峰值，让人耳目一新！本案例的方法和思路启示我们，条条大路通罗马，运用之妙，存乎一心！

2.3 某产品通过DC-DC电源模块滤波解决辐射骚扰超标案例

1. 问题描述

某产品在辐射骚扰测试时发现 200～400MHz 频段水平极化方向超标，垂直极化方向裕量不足，30MHz～1GHz 辐射频谱（水平极化方向）如图 2.3.1 所示。

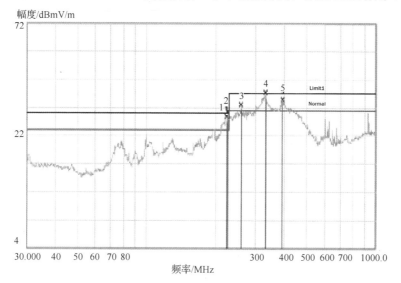

图 2.3.1　30MHz～1GHz 辐射频谱（水平极化方向）

2. 故障诊断

尝试将整机 FFC 线材、按键遥控线材、背光控制线材、Wi-Fi 线材、喇叭线材等外部连接线移除，此时辐射骚扰超标频点无明显变化，因此确认辐射骚扰来自产品主板，与整机外部模块无关。

查看图 2.3.1，辐射频谱为宽带干扰，宽带干扰通常是由开关类信号产生的，因此怀疑主要干扰源为 AC 开关电源模块、数字功放、DC-DC 电源模块。由于 AC 开关电源模块本身的工作频率极低，很少产生高频分量，因此首先排除 AC 开关电源模块干扰。然后将数字功放模块供电电源断开，辐射骚扰超标频点无明显变化，从而证明辐射骚扰与数字功放模块也无关。此时锁定干扰源为 DC-DC 电源模块电路，产品主板上有大量的 DC-DC 电源模块，如图 2.3.2 所示。

使用频谱分析仪和近场针式探头，分别测量 UD_1、UD_2、UD_3、UD_4 四个 DC-DC 电源模块输入引脚的电磁干扰，并与辐射频谱进行对比，发现 UD_1 DC-DC 电源模块输入引脚频谱与测试辐射频谱相似，如图 2.3.3 所示。

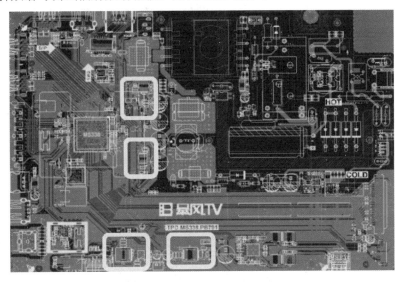

图 2.3.2　产品主板上 DC-DC 电源模块

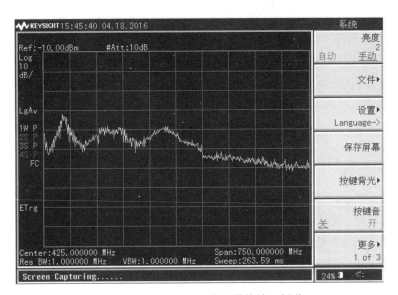

图 2.3.3　UD$_1$ DC-DC 电源模块输入频谱

根据以上分析，确认 UD$_1$ DC-DC 电源模块为电磁干扰源。

3. 原因分析

查看 UD$_1$ DC-DC 电源模块输入原理图，如图 2.3.4 所示（该图为软件导出图，未进行标准化处理）。

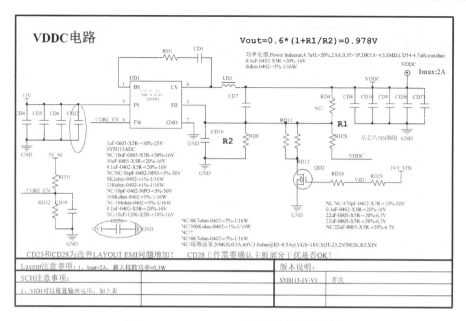

图 2.3.4　UD1 DC-DC 电源模块输入原理图

从图 2.3.4 可以看出，UD$_1$ DC-DC 电源模块的 12V 电源输入端有 4 个滤波电容做电磁干扰滤波，按以往经验滤波问题不大。PCB 电源输入端滤波电容布局和布线如图 2.3.5 所示。

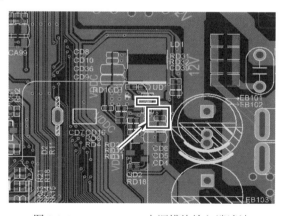

图 2.3.5　UD$_1$ DC-DC 电源模块输入端滤波

图 2.3.5 中方框 PIN2 为 DC-DC 的接地引脚，PIN5 为供电电源引脚，箭头标出的环路代表的是电源输入滤波环路，从图 2.3.5 可以看出，DC-DC 电源模块输入端滤波电容距离电源引脚很远，滤波环路较大，此时可能导致电磁干扰因耦合到其他电路而辐射出去。因此，将 PIN2 和 PIN5 直接飞线接电容，减小滤波环路，提高 DC-DC 电源模块滤波效果。整改后再次测试产品辐射骚扰，一举通过，裕量很大，因此确认问

题是由 DC-DC 电源模块输入端滤波电容摆放距离电源引脚太远所致。

4. 整改措施

实际设计时因为 DC-DC 电源模块和接地引脚位于器件封装的中间位置，因此跨接电容时 PCB 布线实现非常困难，尝试在 DC-DC 电源模块输入端引脚与 CD39 左侧地线之间跨接滤波电容，如图 2.3.6 所示。

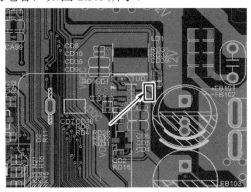

图 2.3.6　UD₁ DC-DC 电源模块输入端引脚跨接滤波电容

图 2.3.6 箭头所指的方框为电容加在 DC-DC 电源模块输入端引脚的位置，整改后 DC-DC 电源模块产生的电磁干扰可以被电容快速滤除，从而避免了电磁干扰因耦合到其他电路而辐射出去。

5. 实践结果

整改后的测试结果如图 2.3.7 所示。

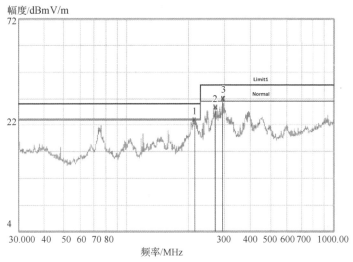

图 2.3.7　整改后 30MHz～1GHz 辐射频谱（水平极化）测试结果

从图 2.3.7 可以看出,整改后辐射骚扰在水平极化方向上的幅度降低 10dB 以上,在垂直极化方向上同样改善 10dB 以上,测试通过。

【岛主点评】

对于滤波器件的布局,很多工程师都有一个误区,反正设计了滤波电路,布置在哪里都一样,果真如此吗?在本案例中,DC-DC 电源模块输入端的滤波电容在布局时距离电源引脚较远,从而引发了辐射骚扰超标问题,整改时在 DC-DC 电源模块输入端引脚增加滤波电容从而成功化解。本案例的方法和思路启示我们,滤波电路或器件,布局时要尽量靠近干扰源和敏感源,即实现源头滤波,否则,即使有滤波也不见得能起到作用!

2.4 某产品时钟信号布线跨越分割引发的辐射骚扰超标案例

1．问题描述

某医疗产品在实验室进行辐射骚扰测试，30MHz～1GHz 频段辐射频谱如图 2.4.1 所示。

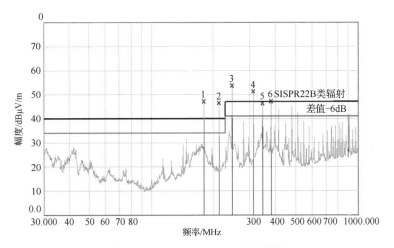

图 2.4.1　30MHz～1GHz 辐射频谱

从图 2.4.1 可以看出，产品辐射骚扰在 150～400MHz 频段超标，最大超标量约为 10dB，测试不通过。

2．故障诊断

观察图 2.4.1 中的辐射频谱，超标的频点为一系列窄带的脉冲，非常有规律，怀疑为周期时钟信号，汇总辐射骚扰测试超标数据，如表 2.4.1 所示。

表 2.4.1　辐射骚扰测试超标数据

序　号	频率/MHz	结果/dBμV	限值/dBμV	超出量/dB
1	181.28	46.75	40	6.75
2	214.51	46.02	40	6.02
3	247.68	53.29	47	6.29
4	313.27	50.98	47	3.98
5	346.80	46.00	47	-1.00
6	379.91	46.61	47	-0.39

根据表 2.4.1，将表中不同序号的频率两两相减，所得结果约为 33MHz 或其倍频。查看产品硬件电路，发现音频时钟为 16.5MHz，其倍频为 33MHz，因此怀疑超标的频点为音频时钟信号。

设备的音频功能为设计预留功能，实际生产机器并没有音频功能，因此通过软件关闭音频时钟信号，再次测试产品辐射，此时以上超标的频点消失，确认超标的频点为音频时钟信号及其谐波。

3．原因分析

查看单板 PCB，单板为两层板，顶层为布线层，底层为覆铜，音频时钟布线跨越了平面层分割，如图 2.4.2 所示。

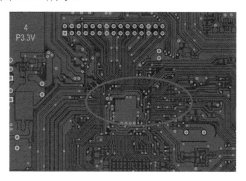

图 2.4.2　音频时钟布线跨越了平面层分割

音频时钟线长达到 200mm，布线较长，根据微带线原理，当使用电源平面、地平面作为参考平面时，微带线因为信号布线与参考平面之间紧密耦合的缘故，回返电流（回流）会在参考平面上布线的直接正下方（或正上方）流动，但是，如果布线跨越平面层分割，此时信号回流会中断，并将流经不可预期的路径，此时信号环路面积增大，时钟布线回流仿真示意图如图 2.4.3 所示。

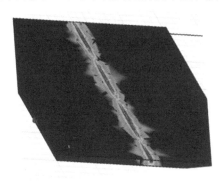
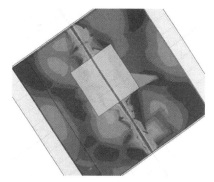

（a）分割前　　　　　　　　　　　　　（b）分割后

图 2.4.3　时钟布线回流仿真示意图

从图 2.4.3 可以看出，布线跨越平面层分割后，其回流将流经不可预期的路径，因此布线环路面积将大大增加，根据电磁场原理，环路面积越大，辐射越强，可以确认是由时钟布线跨越平面层分割导致的辐射超标。

4. 整改措施

PCB 改板时，调整音频时钟信号参考地平面，保证其回流平面完整，减小回路面积，改板后如图 2.4.4 所示。

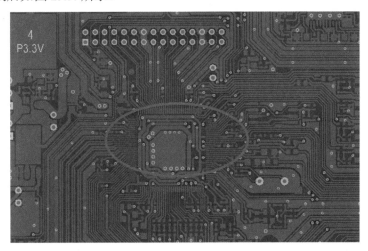

图 2.4.4　改板音频时钟信号参考完整地平面

5. 实践结果

整改后辐射骚扰测试结果如图 2.4.5 所示。

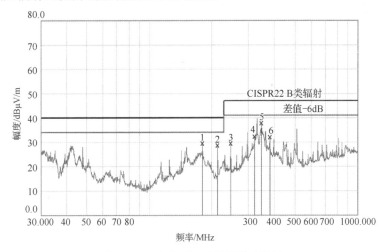

图 2.4.5　整改后辐射骚扰测试结果

从图 2.4.5 可以看出，改板后音频时钟及其谐波辐射骚扰改善非常明显，幅度降低约 20dB，测试通过。

【岛主点评】

在进行 PCB 布线时，从 EMC 角度考虑布线严禁跨越平面层分割，但这样做的原因、有什么危害、如何进行设计，很多工程师只知其然，而不知其所以然，特别是周期时钟，因为能量主要集中在离散的窄带频点，幅度很高，所以跨越分割危害更大。本案例反映的正是时钟跨越平面层分割导致的辐射超标问题，通过改板，让时钟布线参考完整地平面减小环路面积后成功化解。本案例的方法和思路启示我们，布线跨越分割引发问题的实质其实是布线参考回返电流中断而导致了信号回路失控，明白了这个道理，今后就能在实践中攻无不克，战无不胜。

2.5 某产品通过开关电源板PCB设计解决电磁干扰案例

1．问题描述

某产品工作在 30～88MHz 频段，产品样机在调试时，发现射频灵敏度不满足硬件指标要求，性能不达标。

2．故障诊断

某产品由开关电源板、收信板、发信板、功放等模块构成，由于其工作在 30～88MHz 频段，而开关电源板高频辐射基本也处于此频段，因此怀疑开关电源板产生电磁干扰而导致电台噪声电平抬高，从而降低了电台的灵敏度。

使用 AC-DC 电源代替开关电源板给电台供电，此时电台灵敏度可以满足指标要求，因此确认为开关电源板产生的电磁干扰。使用长排线，将开关电源板拿开，使之远离收发信板，此时电台灵敏度也大幅改善，而将开关电源板放回产品原位，同时在排线上加磁环则没有任何改善，因此，确认是开关电源板辐射导致电台受到电磁干扰。

3．原因分析

查看开关电源板 PCB 布局布线，如图 2.5.1 所示。

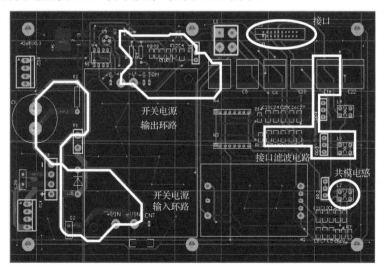

图 2.5.1　开关电源板 PCB 布局布线

从图 2.5.1 可以看出，开关电源板由 AC-DC 和 DC/DC 两个开关电源模块及其滤波电路构成，而开关电源板的输入和输出端与其滤波电路构成功率环路，此时近似环路天线的模型，如图 2.5.2 所示。

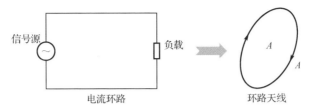

图 2.5.2　开关电源板环路天线模型

则环路辐射为

$$E = 263 \times 10^{-16} IAf^2 / D$$

式中：

E——电场强度（V/m）；

f——电流频率（MHz）；

A——电流环路面积（cm^2）；

I——电流强度（mA）；

D——测试点到电流环路的距离（m）。

从上面的公式可以看出，单板的辐射强度与电路中的电流强度、电流频率、电流环路面积成正比，与测试距离成反比。而产品硬件电路设计定型之后，电路中的电流和频率不可更改，同时测试距离由标准确定，所以，唯一决定单板辐射强度的就是电路的环路面积，而环路由 PCB 布线工程师设计，不同的布局布线方案，布线环路也不同，进而单板辐射强度的大小也有所不同。因此，要减小开关电源板的辐射，就要减小布线的环路面积。

图 2.5.1 单板在 PCB 布局布线时，可以明显看出，布线没有考虑回路，开关电源板输入/输出端等的 PCB 设计存在严重的电磁干扰问题，具体分析如下：

（1）开关电源板输入/输出布线回路太大

开关电源板电磁干扰问题主要是由开关管的开关动作所引起的差模辐射和共模辐射而引起的，在进行 PCB 布局布线时要减小输入/输出布线回路面积，以减小其差模辐射，同时也可以降低共模辐射的风险，开关电源板输入/输出布线回路（示意图）如图 2.5.3 所示。

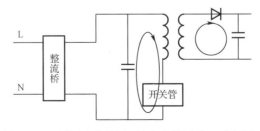

图 2.5.3　开关电源板输入/输出布线回路（示意图）

（2）接口滤波电路离电源接口太远

接口滤波电路可以防止内部电路的噪声传导出去，从而导致线缆出现辐射。如果接口滤波电路远离电源接口，那么，滤波后的电路就有可能耦合内部电路的噪声，如图 2.5.4 所示。

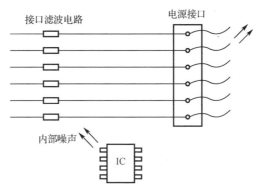

图 2.5.4　接口滤波电路远离电源接口

（3）接口滤波器件没有垂直成列布置

接口滤波电路所有布线上的滤波器件在布局时要对称布置（垂直成列），防止已滤波电路和未滤波电路之间相互耦合，从而使滤波失效，如图 2.5.5 所示。

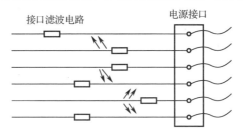

图 2.5.5　接口滤波器件没有垂直成列布置

（4）电源滤波电路相互之间距离太远

由差模电容、共模电容和共模电感构成的电源滤波电路是一个整体，可以有效滤除电源线上的差模和共模辐射，布局布线时要形成一个整体，不能分开，否则滤波作用会大打折扣，典型电源滤波电路如图 2.5.6 所示。

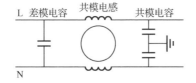

图 2.5.6　典型电源滤波电路

4．整改措施

根据以上的问题分析，在进行开关电源板 PCB 布局布线时未考虑 EMC 设计、器件布局不合理，从而导致关键布线环路面积过大，产生严重的电磁干扰。因此，产品灵敏度问题的根源在于单板布局不当，只有重新调整布局才能解决问题。对开关电源板重新进行布局布线，改板后如图 2.5.7 所示。

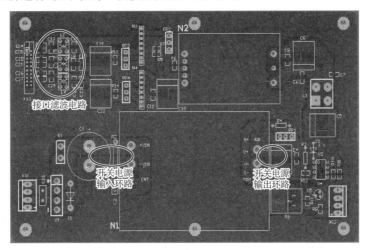

图 2.5.7　改板后开关电源板的布局布线

与图 2.5.1 相比，改板之后，布线环路控制得极小，同时布线也非常流畅，布局布线"忠实"履行了 EMC 性能的要求。

5．实践结果

将改板后的开关电源板装入样机进行测试，此时在 30～88MHz 频段，产品各项性能指标满足硬件开发要求，开关电源板电磁干扰问题得到成功解决。

【岛主点评】

产品发生电磁干扰的源头是硬件电路，与原理图 EMC 设计相比，PCB 的 EMC 设计更加重要！正所谓"1000 个人心中有 1000 个哈姆雷特"，即便同一个原理图，不同的布线工程师的设计也会千差万别。本案例产品开关电源板因 PCB 布局布线不当引发电磁干扰问题，后通过改板优化 EMC 设计成功实现低成本化解。本案例的方法和思路启示我们，PCB 的 EMC 设计若方法得当，在提升产品 EMC 性能的同时，会使产品的成本非但不增加反而降低，如果我们还对 EMC 充满偏见，满腹牢骚，无异于坐井观天！

2.6 铁氧体磁环妙用解决某产品辐射骚扰超标整改案例

1. 问题描述

某国外医疗产品需要在国内市场销售，在国内进行医疗产品认证时，其辐射骚扰在 60MHz 和 130MHz 频点附近超标，现场工程师在 AC 220V 电源线增加大量不同种类的磁环都没有改善，30MHz～1GHz 辐射骚扰原始频谱如图 2.6.1 所示。

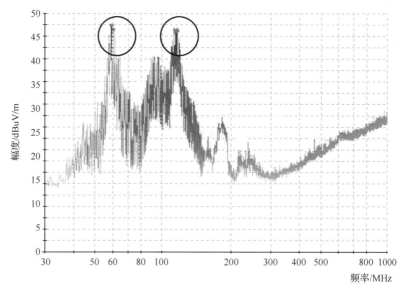

图 2.6.1　30MHz～1GHz 辐射骚扰原始频谱

从图 2.6.1 可以看出，产品辐射骚扰在 60MHz 频点左右最大超标量约为 1dB，不满足标准要求，测试不通过。

2. 故障诊断

磁环应该加在哪里？

产品为便携式医疗设备，由 AC 220V 电源线或电池供电。测试时工程师在 AC 220V 电源线上加磁环无改善，再次确认时直接拔掉 AC 220V 电源线，使用电池为产品供电，此时再测试辐射骚扰，前后结果无任何改变，因此确认产品辐射骚扰和 AC 220V 电源线无关。

打开机壳，使用频谱分析仪和近场探头在机壳内部单板、线缆等处查找电磁干扰源，当近场探头置于电池电源线时，在所关心的 60MMHz 和 130MMHz 频点附近电磁干扰陡然增大，如图 2.6.2、图 2.6.3 所示。

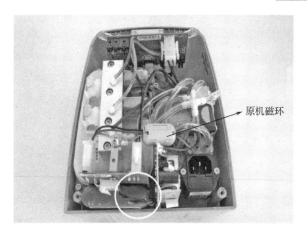

图 2.6.2　引起电磁干扰问题的电池电源线

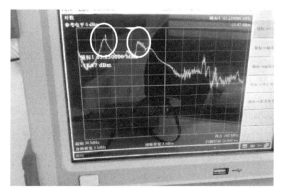

图 2.6.3　电池电源线电磁干扰

对比图 2.6.1 和图 2.6.3 的频谱，可以看出近场测试和标准实验室测试两者的结果非常接近，因此怀疑是电池电源线引起的辐射骚扰超标，进一步验证，当拔掉电池电源线时，近场测试的电磁干扰幅度大幅减小，因此可以断定引起产品辐射骚扰超标的是电池电源线。

3．原因分析

从图 2.6.4 可以看出，电池电源线紧贴 AC 220V 开关电源板。

开关电源板为单面板，顶层为器件，底层为布线，当开关电源工作时，其一直处于高频开关工作状态，此时电路中存在强烈的电压和电流变化，即 du/dt≠0，或者 di/dt≠0。根据法拉第电磁感应定律，变化的电压或者电流产生变化的电磁场，变化的电磁场可以在环路里面感应出电压和电流，那么电池电源线紧贴开关电源板底层布线层，空间距离很近。因此，开关电路产生的电磁场将在电池电源线上感应出噪声，由于电池电源线较长（约 50mm），此时就构成了很好的辐射"天线"，从而产生电磁干扰。

图 2.6.4　电池电源线紧贴 AC 220V 开关电源板

4．整改措施

本产品为进口产品，无任何硬件电路图和技术支持工程师，因此为避免大动干戈损坏产品，选择使用磁环的整改方案。

铁氧体磁环是一种吸收损耗型元件。在低频段，铁氧体磁环呈现出非常低的感抗值，不影响数据线或信号线上有用信号的传输。而在高频段，阻抗增大，其感抗分量仍保持很小，电阻分量却迅速增加，当有高频能量穿过磁性材料时，电阻分量就会把这些能量转化为热能耗散掉。

首先查看频谱图，产品超标频段为 60～130MHz，因此要求铁氧体磁环在本频段有较高的阻抗，然后查看铁氧体磁环规格书，如图 2.6.5 所示。

型号	线缆最小直径(mm)	线缆最大直径(mm)	长(mm)	宽(mm)	高(mm)	壳体颜色	阻抗25MHz1匝(Ω)	阻抗100MHz1匝(Ω)	阻抗25MHz2匝(Ω)	阻抗100MHz2匝(Ω)
74271142S	3.5	5	32.5	18.8	13.2	Black	98	182	401	709
74271142	3.5	5	32.5	18.8	13.2	Grey	98	182	401	709
74271111S	3.5	5	40.5	23.7	18.2	Black	175	320	770	800
74271111	3.5	5	40.5	23.7	18.2	Grey	175	320	770	800
74271112S	4.5	6	40.5	23.7	18.2	Black	176	321	773	806
74271112	4.5	6	40.5	23.7	18.2	Grey	176	321	773	806
74271132S	7	8.5	40.5	24.5	21	Black	141	241	603	755
74271132	7	8.5	40.5	24.5	21	Grey	141	241	603	755
74271221S	8.5	10.5	42.2	33.6	29.5	Black	151	270	641	783
74271221	8.5	10.5	42.2	33.6	29.5	Grey	151	270	641	783

图 2.6.5　铁氧体磁环规格书

从图 2.6.5 可以看出，型号为 74271112 的铁氧体磁环，在所关心的频段（60～130MHz），当线圈绕 2 匝时阻抗很高，超过 800Ω/100MHz，根据经验，所选的磁环阻抗满足滤波需求，其频率阻抗特性图如图 2.6.6 所示。

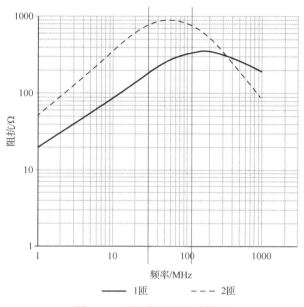

图 2.6.6　磁环频率阻抗特性图

5. 实践结果

根据前面的整改措施，将电池电源线在磁环上绕 2 匝，以抑制电池电源线上的辐射骚扰，如图 2.6.7 所示。

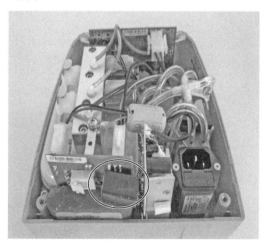

图 2.6.7　电池电源线在磁环上绕 2 匝

　　合拢整机进行辐射骚扰测试，此时在所关心的频段，电磁干扰改善量约为12dB，测试通过，如图2.6.8所示。

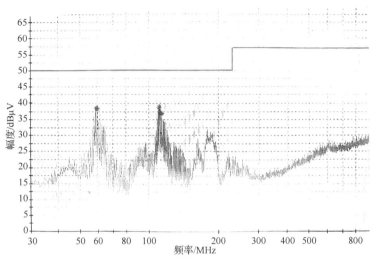

图2.6.8　整改后辐射骚扰测试频谱

【岛主点评】

　　磁环在 EMC 实验室中遍地皆是，同时也是"大哥"般的存在，当调查工程师最喜爱的电磁干扰抑制器件时，如果磁环排第二位，那么绝对没有哪个器件能排第一位！但与其地位严重不符的是，对于磁环的应用方法，工程师却往往没有清晰的思路，现场整改时这个试试，那个也试试，碰运气和"撞大运"的成分居多。本案例产品辐射骚扰超标，后通过优化磁环选型和应用方法成功化解。本案例系统总结了磁环的选型思路和应用方法，思路清晰，滴水不漏，读起来让人如醍醐灌顶，起到拨云而见日的效果！

2.7 某产品容性耦合导致产品辐射骚扰超标案例

1. 问题描述

某产品在实验室进行辐射骚扰测试时，在 1~5MHz 频段辐射骚扰裕量不足，在 50~100MHz 频段辐射骚扰超标 15dB，如图 2.7.1 所示，测试不通过。

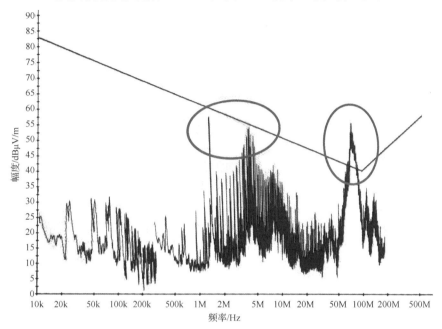

图 2.7.1 1~100MHz 频段辐射骚扰超标

2. 故障诊断

整机为金属屏蔽机箱，机箱上无开孔，机箱的上下壳体缝隙有导电橡胶条，确认机箱屏蔽良好。查看超标频谱，根据频率与波长的关系，1~5MHz 和 50~100MHz 频段对应的波长只有线缆长度可与其比拟，因此怀疑是线缆产生的问题。

系统共有 AC 220V 电源线、RS422 信号线、射频信号线三根 I/O 线缆，其中射频信号线为屏蔽线，一端连接天线，另一端与设备连接，屏蔽层与金属连接器包括机箱都为 360° 搭接，屏蔽良好。AC 220V 电源线和 RS422 信号线为普通线缆，由于 AC 220V 电源加装有电源滤波器，1~5MHz 频段的电磁干扰可以排除 AC 220V 电源线的问题。

经过以上分析，怀疑产品辐射骚扰超标与 RS422 信号线有关，故拔除 RS422 信号线，截取 30~100MHz 频段辐射骚扰测试频谱如图 2.7.2 所示。

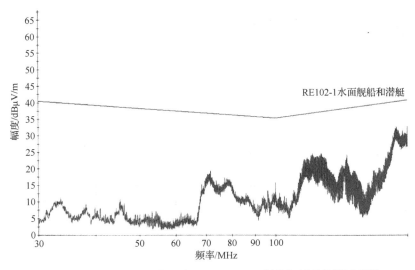

图 2.7.2　拔除 RS422 信号线 30～100MHz 频段辐射骚扰测试频谱

从图 2.7.2 可以看出，拔除 RS422 信号线后 50～100MHz 频段电磁干扰消失，因此，确定引起 50～100MHz 频段辐射骚扰超标的是 RS422 信号线。

3. 原因分析

打开机箱，查看整机内部结构和布线，如图 2.7.3 所示。

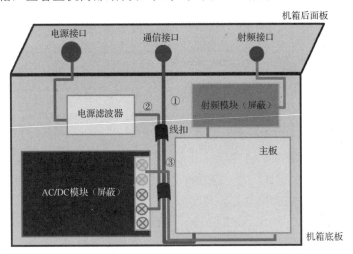

图 2.7.3　整机内部结构和布线

从图 2.7.3 可以看出，RS422 信号线（①）和开关电源输入/输出线（②和③）三根线缆捆扎在一起平行布线，其中 RS422 信号线内部跳线长度约 300mm，初步怀疑辐射骚扰超标是由 RS422 信号线耦合开关电源输入/输出线的干扰导致的。

开关电源工作在高频开关工作状态，其在工作时会产生很强的电磁干扰，而开关电源的输入/输出线，会成为电磁干扰的重要耦合途径。RS422 信号线和开关电源输入/输出线捆扎在一起会产生电容性耦合，电容性耦合串扰原理如图 2.7.4 所示。

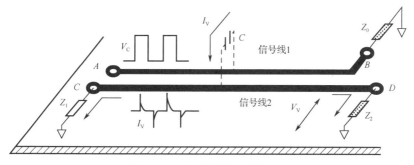

图 2.7.4　电容性耦合串扰原理

从图 2.7.4 可以看出，I/O 接口 RS422 信号线会耦合开关电源输入/输出线上的干扰，从而引起 RS422 信号线的辐射骚扰。将 RS422 信号线（①）与开关电源输入/输出线（②和③）跳线从空间上分开，如图 2.7.5 所示。

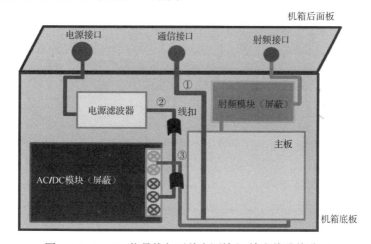

图 2.7.5　RS422 信号线与开关电源输入/输出线跳线分开

整改后合拢整机，测试结果如图 2.7.6 所示。

从图 2.7.6 可以看出，此时虽然在 50～100MHz 频段电磁干扰频率下降，但同时新增了 50MHz 和 200MHz 的窄带干扰，且在图中是有规律的频点，判断是时钟信号的谐波。查看单板，主板上有 25MHz 晶振，调整后的 RS422 信号线正好布置在 25M 晶振之上，二者产生耦合。RS422 信号线与 25MHz 晶振耦合原理如图 2.7.7 所示。

根据以上分析及验证，RS422 信号线跳线较长，极易与系统内部线缆、器件产生耦合，从而导致辐射骚扰超标问题。

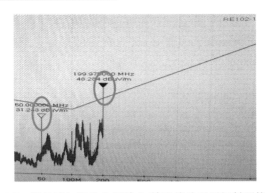

图 2.7.6　RS422 信号线与开关电源输入/输出线分开后辐射骚扰的测试结果

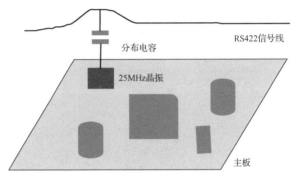

图 2.7.7　RS422 信号线与 25MHz 晶振耦合原理

4．整改措施

将 RS422 信号线跳线①与开关电源输入/输出线（②和③）、AC-DC 模块以及主板从空间上隔离，从屏蔽壳体的 AC-DC 模块上方引到通信接口，其示意图和实物图分别如图 2.7.8、图 2.7.9 所示。

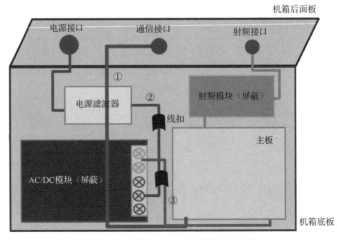

图 2.7.8　隔离 RS422 信号线示意图

图 2.7.9　隔离 RS422 信号线实物图

5．实践结果

按以上方案整改后，分别测试 10kHz～30MHz 和 30～200MHz 频段辐射骚扰，测试结果如图 2.7.10 所示。

从图 2.7.10 可以看出，整改后 1～5MHz 和 50～100MHz 辐射骚扰幅度降低 15dB 以上，测试通过。

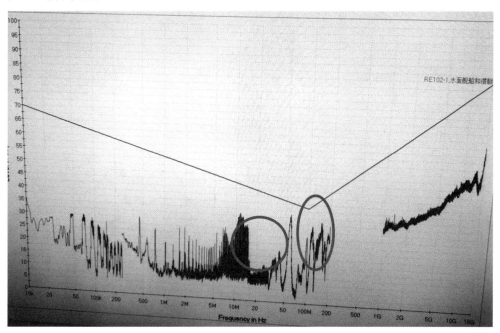

图 2.7.10　整改后辐射骚扰测试结果

【岛主点评】

人人都说 EMC 就像是"黑匣子"，因为很难确定干扰发生的机理是什么，很多问题都让人觉得莫名其妙，匪夷所思。典型的如线缆平行布线，乍一看两根线缆之间相互绝缘，相安无事，但实际上，由于线与线之间的电磁场耦合，可能会触动电磁干扰的"逆鳞"。本案例产品辐射骚扰超标，经过缜密的诊断和分析，为产品线与线之间的电容性耦合所致，后通过将线缆分类布线成功化解。本案例的方法和思路启示我们，单板、系统布线时线与线之间的电磁场耦合绝不可忽视，否则可能一招不慎，满盘皆输。EMC 是黑匣子吗？没掌握思路和方法，肯定是；反之，岂会是！

2.8　某系统屏蔽线缆端接引发的辐射骚扰超标整改案例

1．问题描述

某系统由一个机柜及两个外部设备组成，其中机柜又包含 7 个分设备。系统进行辐射骚扰测试的原始频谱如图 2.8.1 所示。

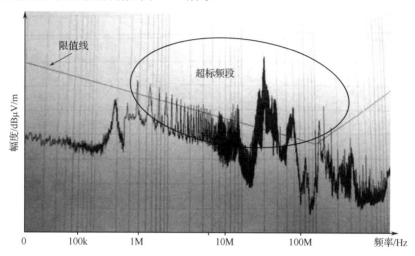

图 2.8.1　10kHz～1GHz 辐射骚扰测试原始频谱

从图 2.8.1 可以看出，系统辐射骚扰在 300kHz～200MHz 频段超标，其中在 20MHz 左右，最大超标量达 30dB。

2．故障诊断

查看整个系统，设备都为金属机箱，互连线缆也为屏蔽线缆。根据经验，低频段超标主要与设备的显示屏及孔洞的磁场泄漏有关。系统辐射骚扰高频段超标频点在 200MHz 以内，其各个分设备结构尺寸较小（小于 50cm×50cm×20cm），根据孔缝产生天线效应时与波长的关系，可以排除金属机箱缝隙的辐射骚扰，而系统中机柜各分设备之间的互连线缆长度在 1～3m 之间，与高频段超标频点的波长可比拟，因此怀疑高频段的辐射骚扰超标与互连线缆有关。

使用频谱分析仪和近场探头查找干扰源，将探头分别置于某终端设备的显示屏和机柜各分设备前面板之间的缝隙处，此时在 1MHz 以内和 10MHz 以上的频段出现电磁干扰。但当从机柜中抽出各分设备并将探头置于其缝隙处时，电磁干扰消失，而将探头置于各分设备之间的互连线缆上时，10MHz 以上的频段电磁干扰陡然升高，以上说明机柜各分设备前面板缝隙处的电磁干扰并非由各分设备的缝隙产生，而是由其后面的互连线缆引起，因此，导致整个机柜高频段辐射骚扰超标的"罪魁祸首"就是机柜中各分设备之间的互连线缆。

根据设计师的反馈，显示屏已经加了屏蔽丝网而且设备的互连线缆选用的都是屏蔽线缆。通常情况下，屏蔽层如果端接良好，那么在图 2.8.1 的超标频段应该有很好的屏蔽效果，查看显示屏屏蔽丝网和互连线缆屏蔽层的端接情况，分别如图 2.8.2 和图 2.8.3 所示。

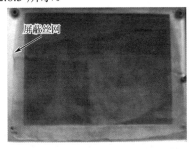 

图 2.8.2　显示屏屏蔽丝网端接（改进前）　　图 2.8.3　互连线缆屏蔽层端接（改进前）

从图 2.8.2 可以看出，显示屏的屏蔽丝网用螺丝钉固定在金属面板上，四周靠液晶屏边框的压力与金属面板端接，由于屏蔽丝网很薄且液晶屏边框凹凸不平，此时屏蔽丝网四周可能根本没有与金属面板接触或接触不良，因而屏蔽丝网与金属面板之间的缝隙使得这种端接方式存在很大的问题。

从图 2.8.3 可以看出，互连线缆的屏蔽层是通过一根细导线与金属连接器的外壳连接的，在 EMC 中，屏蔽层的这种端接方式被称为"猪尾巴"，是一种不良的屏蔽线缆端接方式。

3. 原因分析

屏蔽线缆可以减小线缆辐射骚扰的原因主要有两个：一是屏蔽层可以屏蔽线缆中差模信号回路的差模辐射；另一个原因是屏蔽层可以为共模电流提供一个低阻抗返回路径，从而减小共模电流的回路面积，从这个意义上说，返回路径的阻抗越小越好，这样可以将大部分共模电流旁路回共模噪声源，屏蔽线缆降低辐射骚扰原理如图 2.8.4 所示。

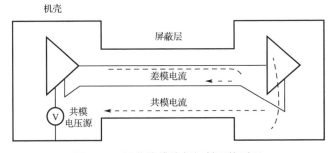

图 2.8.4　屏蔽线缆降低辐射骚扰原理

共模电流返回路径的阻抗由屏蔽层自身阻抗和屏蔽层与金属机箱之间的端接阻抗两部分组成。"猪尾巴"的端接方式相当于在屏蔽层上串联了一个数十纳亨的电感，其一，会增大屏蔽层共模电流返回路径的阻抗，导致部分共模电流从大地返回，增大了共模电流的环路面积；其二，共模电流会在屏蔽层产生共模电压，该电压会在屏蔽层与大地间形成的环路（由分布电容或地线形成）中产生共模电流，导致更大的共模辐射。"猪尾巴"端接方式电磁干扰原理如图 2.8.5 所示。

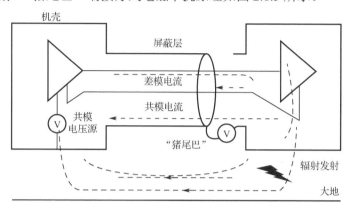

图 2.8.5　"猪尾巴"端接方式电磁干扰原理

因此，要降低线缆的辐射骚扰，就要降低屏蔽层与金属连接器之间的端接阻抗，实践证明，屏蔽层与金属连接器 360°端接可以满足要求。

4. 整改措施

用导电布将显示屏屏蔽丝网四周贴在金属面板上并用力按紧，以减小屏蔽丝网与金属面板之间的缝隙，如图 2.8.6 所示。

在后期改进或设计时，建议凡是需要电磁屏蔽的显示屏在结构上都需要设计一个金属压框，并在压框和屏蔽丝网之间加导电橡胶衬垫，压在屏蔽丝网的四周让其与金属机箱良好端接，显示屏屏蔽丝网衬垫如图 2.8.7 所示。

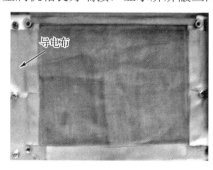

图 2.8.6　显示屏屏蔽丝网端接（改进后）

图 2.8.7　显示屏屏蔽丝网衬垫

互连线缆的屏蔽层由于到金属连接器的长度不够，在现场整改时可以直接在距离金属连接器还有一段距离的线缆上剥开绝缘保护层，从而使里面的屏蔽层裸露出来，在这段屏蔽层上紧紧缠绕导电布一直到金属连接器外壳，使互连线缆的屏蔽层与金属连接器360°良好端接，如图2.8.8所示。

后期生产和工艺上改进时，直接将互连线缆屏蔽层用金属连接器末端的夹子卡住，并将螺丝拧紧固定，形成360°端接，如图2.8.9所示。

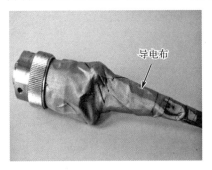

图2.8.8　整改时互连线缆屏蔽层与金属连接器360°端接　图2.8.9　生产和工艺改进后互连线缆屏蔽层端接

5. 实践结果

现场整改后重新利用频谱分析仪和近场探头查看显示屏和互连线缆的辐射骚扰，此时先前超标的频段辐射骚扰降低20~40dB。检查并安装好设备，进行系统的辐射骚扰测试，结果如图2.8.10所示。

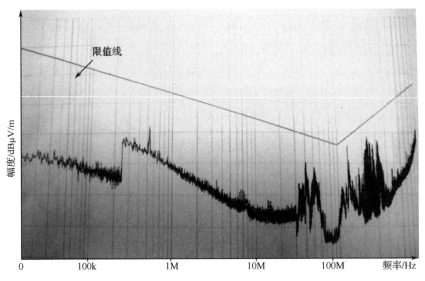

图 2.8.10　10kHz～1GHz辐射骚扰测试结果（整改后）

从图 2.8.10 可以看出，整改之后辐射骚扰幅度大幅降低，整个系统达到标准要求，试验通过。

【岛主点评】

屏蔽线缆屏蔽层的端接，历来在工程师群体里面极具争议，明明使用导线与金属连接器做了连接，或者屏蔽层与金属连接器接触了，为什么却还是效果不好？本案例产品辐射骚扰测试超标，经过缜密的诊断和分析，确定为屏蔽线缆不良端接所致，后通过将线缆屏蔽层与金属连接器 360°端接成功化解。本案例的方法和思路启示我们，屏蔽线缆最佳的端接方式为屏蔽层与金属连接器 360°导电端接，这样才能保证屏蔽线缆发挥应有的效果，否则，有屏蔽不见得有效果的情况将屡屡发生。

2.9 某系统辅助伺服驱动引发的辐射骚扰超标案例

1. 问题描述

某产品在实验室按照 GJB 151B 进行陆军地面设备的辐射骚扰测试时，在 10kHz～200MHz 频段超标，最大超标量达到 96dB，测试不通过，如图 2.9.1 所示。企业工程师验证了各种整改方案，效果不佳。

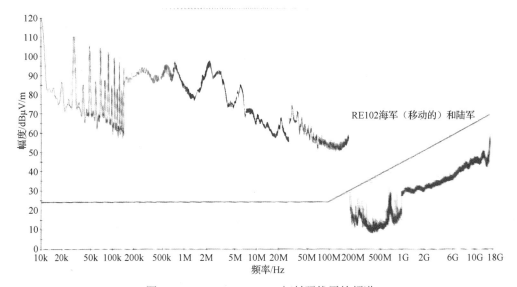

图 2.9.1 10kHz～200MHz 辐射骚扰原始频谱

2. 故障诊断

整个测试系统由伺服驱动器、位置反馈装置、伺服电机、被测设备等组成，主要功能是按控制命令的要求，驱动装置输出力矩、速度和位置信息，控制某设备快速、高精度、自动瞄准目标。

经过与产品工程师沟通和分析，本次被测设备为某型号产品，其余互连的设备均为实现被测设备功能的辅助设备，因此，将辅助设备排除在本次测试考核范围之外。为明确需要测试的被测设备，将系统分为被测设备和辅助设备两部分，二者之间通过长约 5 米的屏蔽线缆连接，测试系统组成框图如图 2.9.2 所示。

从图 2.9.2 可以看出，测试系统分为辅助设备和被测设备，其中伺服驱动器为辅助设备。伺服驱动器由于存在高频的开关电路，它的脉冲电流和电压具有很丰富的谐波，由于寄生参数效应，会通过线缆产生很强的电磁干扰，因此，可以确定测试系统的主要电磁干扰源为伺服驱动器，和被测设备无关，整改时应重点关注伺服驱动器。

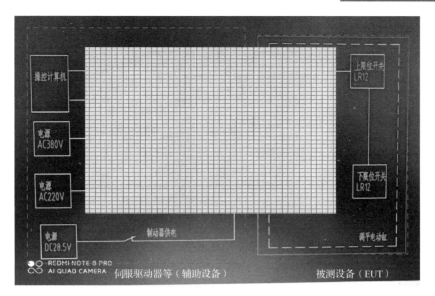

图 2.9.2　测试系统组成框图

3．原因分析

伺服驱动器是整个测试系统的电磁干扰源，线缆是重要的电磁干扰耦合途径，因此整改时需要从伺服驱动器源头进行抑制，从而抑制干扰源。

查看伺服驱动器壳体，机箱使用的是金属屏蔽机箱，但机箱缝隙、连机器 I/O 插座、通风孔等在设计时未考虑 EMC 问题，开口有效尺寸很大，容易产生电磁泄漏，不能起到良好的屏蔽作用。

另外，伺服驱动器有 AC 380V 输入线、UVW 输出线等多根互联线缆与被测设备连接，伺服驱动器接口原理图如图 2.9.3 所示。此时互连的线缆容易耦合伺服驱动器的电磁干扰而成为高效辐射的天线。

综上所述，伺服驱动器壳体和线缆都是电磁辐射的途径。

从图 2.9.3 可以看出，伺服驱动器信号线无电磁干扰滤波，查看其规格书，输入和输出电源滤波器为选配零件，而本系统未加配置，因此，伺服驱动器所有互连线缆均未滤波，必然存在很大风险。

4．整改措施

本系统被测设备测试时需要连接辅助设备，因此，在正式测试前需要优先处理好辅助设备，避免辅助设备的电磁干扰影响测试结果，针对本系统辅助设备电磁干扰的整改方案如下：

- 伺服驱动器（辅助设备）放置在暗室外部；
- 伺服驱动器 AC 380V 输入端和 UVW 输出端加电源滤波器；

- 30MHz 以下线缆加非晶磁环和锰锌铁氧体磁环；
- 30MHz 以上线缆加镍锌铁氧体磁环；
- 互连信号屏蔽线缆 360° 端接。

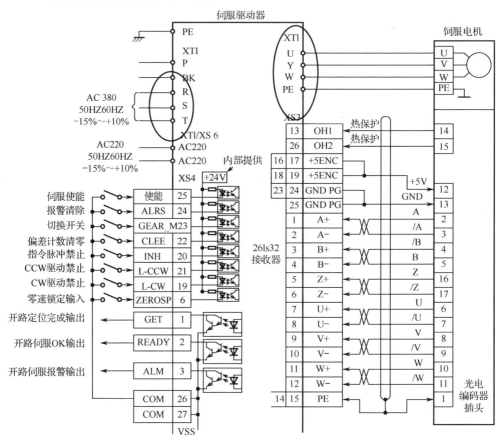

图 2.9.3　伺服驱动器接口原理图

以上整改措施分别如图 2.9.4、图 2.9.5、图 2.9.6 所示。

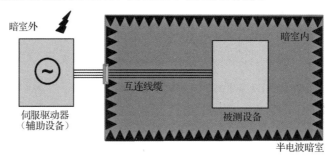

图 2.9.4　辅助设备放置在暗室外部

　　如图 2.9.4 所示，将图 2.9.2 中的所有辅助设备包括伺服驱动器在内都放置在暗室外部，排除以上设备自身壳体对外的电磁辐射。

　　如图 2.9.5 所示，将辅助设备放置在暗室外部，但辅助设备和暗室内部被测设备之间还有互连线缆，所以，还需要抑制辅助设备的电磁干扰以避免其沿着线缆进入暗室内部。在 AC 380V 输入端和 UVW 输出端增加伺服滤波器，另外，互连信号线缆增加非晶磁环和镍锌铁氧体磁环，抑制沿着线缆传导的电磁干扰。

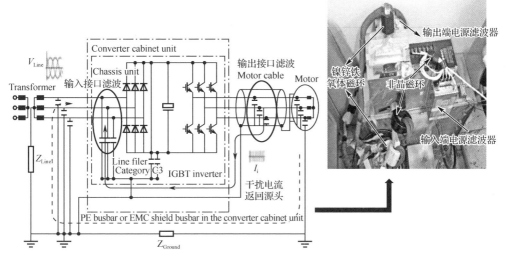

图 2.9.5　伺服驱动器 AC 380V 输入端和 UVW 输出端滤波（暗室外）

　　如图 2.9.6 所示，辅助设备和被测设备的互连线缆是屏蔽线缆，将屏蔽层和金属连接器 360° 导电端接，以提高屏蔽线缆的屏蔽效果。

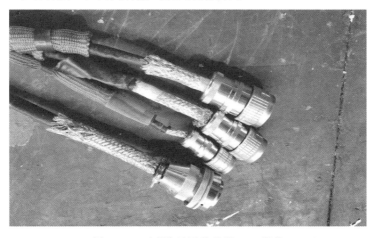

图 2.9.6　互联信号屏蔽线缆 360° 端接

5. 实践结果

按照以上方案整改后进行辐射骚扰测试，此时在所关心的频段电磁干扰改善非常明显，裕量很大，其测试频谱如图 2.9.7 所示。

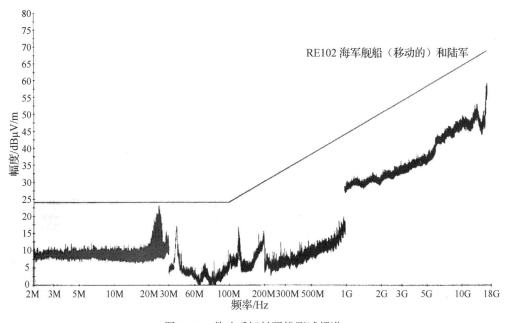

图 2.9.7　整改后辐射骚扰测试频谱

【岛主点评】

在进行 EMC 测试时，辅助设备是为了监控被测设备工作状态或者为了实现被测设备功能而增加的陪测设备，理应不在 EMC 测试考核范围之内，但往往很多 EMC 测试的失败辅助设备却"难逃干系"，之所以如此，主要是工程师测试时常常将辅助设备和被测设备混为一谈。本案例产品辐射骚扰测试超标，经过缜密的诊断和分析，为辅助设备出现问题，后通过对辅助设备进行整改成功化解。本案例的思路和方法启示我们，在 EMC 正式测试前优先解决辅助设备电磁干扰问题，则可以起到事半功倍的效果！

2.10　某系统现场-实验室、系统-单机、多线缆-单线缆整改案例

1. 问题描述

某飞机在现场系统联调时，在系统所有设备开机工作的情况下，某重要设备 K 出现设备误判和错判，严重影响系统性能。

2. 故障诊断

查看整个系统，系统分别由 A、B、C……若干台分设备组成。开启系统所有分设备，进行故障复现。除敏感设备 K 之外，逐一对 A、B、C……分设备进行断电测试，发现当断开 C 设备时，K 设备工作正常，故障消失。再次开启 C 设备，故障再次出现，因而确定干扰源为 C 设备，如图 2.10.1 所示。

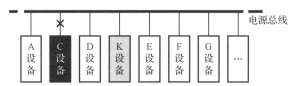

图 2.10.1　逐一断开系统分设备确定干扰源

查看 C 设备，如图 2.10.2 所示。

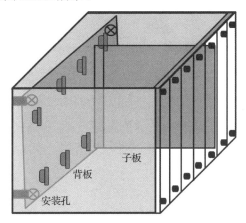

图 2.10.2　产生故障的 C 设备

C 设备包括#1～#7 共 7 个模块、1 块背板和 8 根 I/O 信号线缆，需要确认产生干扰的模块和电路。

开启系统所有分设备，进行故障复现之后，逐个拔掉干扰源 C 设备的#1～#7 模

块，当断开#5 模块时，K 设备工作正常，故障消失；再次开启#5 模块，故障复现，因而确定干扰源为#5 模块，如图 2.10.3 所示。

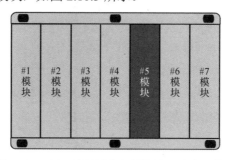

图 2.10.3　逐一拔掉设备各模块从而确定干扰源

　　查看和分析 C 设备#5 模块，并与敏感设备 K 的厂家工程师沟通确认，K 设备对 125MHz 信号敏感，#5 模块 25MHz 晶振时钟可能是干扰源。在 EMC 实验室对 C 设备进行辐射骚扰测试，其频谱如图 2.10.4 所示。

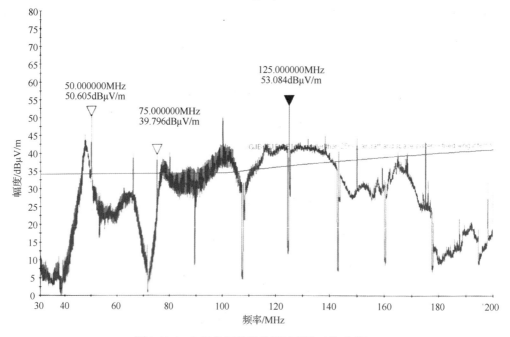

图 2.10.4　C 设备辐射骚扰测试频谱（整改前）

　　从图 2.10.4 可以看出，C 设备#5 模块 25MHz 晶振时钟产生的 5 次谐波，125MHz 辐射场强达到 53dBμV/m，超过标准限值 16dB。查看#5 模块 25MHz 时钟电路原理图，如图 2.10.5 所示。

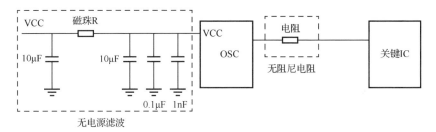

图 2.10.5　#5 模块 25MHz 时钟电路原理图

从图 2.10.5 可以看出，晶振时钟直接连到 IC，晶振电源无任何电源滤波，CLK 输出也无阻尼电阻，因此确定干扰源为#5 模块 25MHz 时钟。

3．原因分析

C 设备已经设计定型，厂家要求不能改动单板，因此只能从结构和线缆入手进行整改，确定信号线缆或机箱结构辐射骚扰诊断流程，如图 2.10.6 所示。

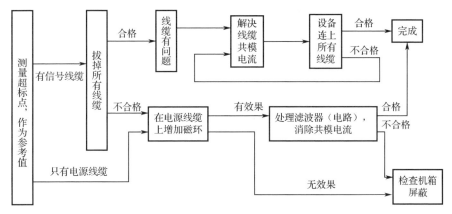

图 2.10.6　信号线缆或机箱结构辐射骚扰诊断流程

拔掉 C 设备除电源线以外的所有信号线缆，排查产生问题的线缆，此时 C 设备辐射骚扰测试频谱如图 2.10.7 所示。

从图 2.10.7 可以看出，125MHz 频点干扰直接消失，因此，判定 125MHz 频点干扰由信号线缆引起。确认信号线缆为耦合途径后，再次开启设备，逐一插上#2～#8 信号线缆，当插接#5 和#6 信号线缆时，125MHz 频点干扰频谱接近图 2.10.4 频谱，因此确定导致问题的是#5 和#6 信号线缆。

所有信号线缆都为屏蔽线缆，万用表测量也与机箱连接，拆除航插连接器和线缆绝缘护套，发现线缆屏蔽层与金属机箱连接器为"猪尾巴"连接，如图 2.10.8 所示。因此，判定线缆屏蔽层端接不良是产生问题的原因。

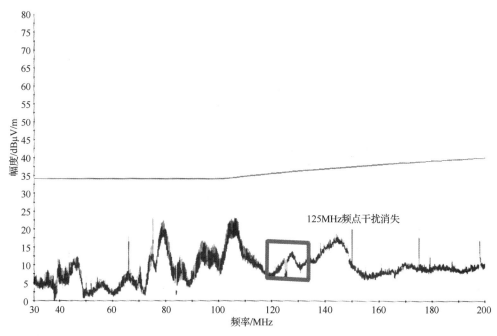

图 2.10.7　C 设备辐射骚扰测试频谱

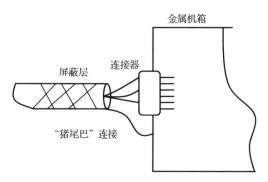

图 2.10.8　线缆屏蔽层与金属机箱连接器为"猪尾巴"连接

4. 整改措施

将线缆屏蔽层与金属机箱连接器 360° 导电端接，如图 2.10.9 所示。

5. 实践结果

将屏蔽线缆 360 度端接好之后，再次进行测试，此时 125MHz 频点干扰比整改前降低 26dB，如图 2.10.10 所示。

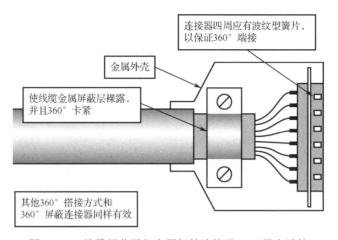

图 2.10.9　线缆屏蔽层与金属机箱连接器 360° 导电端接

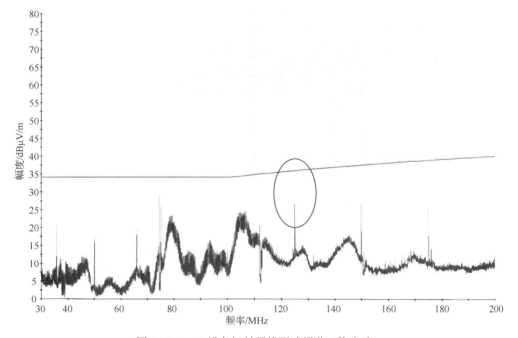

图 2.10.10　C 设备辐射骚扰测试频谱（整改后）

将整改后的 C 设备拿到现场，和系统连接好之后开启现场所有分设备，此时 K 设备工作正常，故障解决。

【岛主点评】

现场、大系统、多设备、多模块、多线缆……具备其中任何一个特征的产品若出现 EMC 问题，都已经极具挑战，更何况同时具备，岂不"要人命"！譬如，飞机、高铁、工业厂房等系统的自干扰。本案例某飞机的系统出现自干扰问题，系统正好具备以上全部特征，经过缜密的诊断和分析，通过把错综复杂的问题抽丝剥茧层层展开后成功化解。本案例系统地总结了复杂大系统电磁干扰问题的诊断和排查方法，以及解决思路和方案，如行云流水般把复杂的问题简单化，娓娓道来，举重若轻，体现了大智慧。

第3章 静电案例

3.1 某产品通过机箱壳体屏蔽解决静电放电问题案例

1. 问题描述

某产品在进行静电放电测试（测试方法分为接触放电测试和空气放电测试两种）时，当对视频接口、以太网接口、USB 接口、HDMI 接口等 I/O 接口进行接触放电 ±2kV 测试、空气放电±4kV 测试时，会出现黑屏或花屏，重新上电后，可以自动恢复，试验不通过，产品故障现象如图 3.1.1 所示。

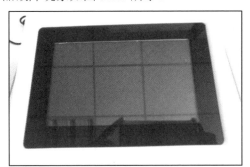

（a）黑屏

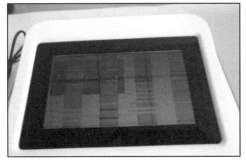

（b）花屏

图 3.1.1 产品故障现象

2. 故障诊断

查看产品整机结构，为塑料机箱，机箱壳体除显示屏、I/O 接口、上下壳体缝隙外无其他孔洞，机箱内部只有主板和显示屏，当对 I/O 接口进行接触放电和空气放电测试时产品出现故障，静电放电的接口如图 3.1.2 所示。

图 3.1.2　静电放电的接口

因产品为塑料机箱，故共模电流泄放路径阻抗较大，怀疑在静电放电瞬间产生了很强的瞬态电磁场，由于 I/O 接口插针、布线与放电点距离很近，会耦合静电干扰到信号线，从而传导进入主板内部，引发静电问题。

查看各个 I/O 接口信号静电防护，因为主板是市场上通用的显控主板，接口均无防护设计，所以试着在各 I/O 接口处增加防护电路，如图 3.1.3 所示。

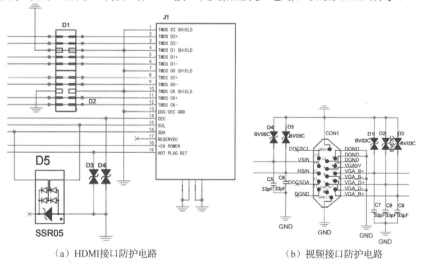

（a）HDMI接口防护电路　　　　　　（b）视频接口防护电路

图 3.1.3　在 I/O 接口处增加的防护电路

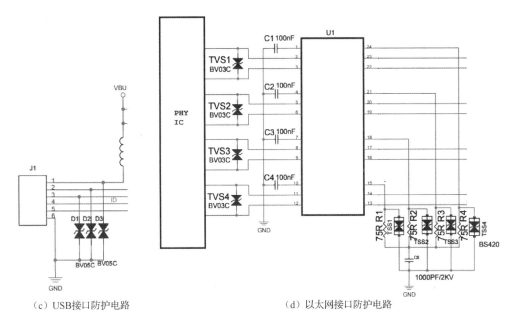

（c）USB接口防护电路　　　　　　　　（d）以太网接口防护电路

图 3.1.3　在 I/O 接口处增加的防护电路（续）

在 I/O 接口处增加防护电路后，继续对接口做接触放电试验，结果并没有改善，故可以判定，静电放电干扰和接口信号耦合没有关系。因为显控主板是市场上通用的销售产品，成本很低，单板层数很少，因此，布线环路很难控制，则在进行静电试验时瞬态电磁场极容易耦合到单板电路，所以，确认为电磁场耦合产生的干扰。

3．原因分析

由于产品是塑料机箱，因此静电放电辐射产生的电磁场可以直接耦合至显控主板内部电路，从而对系统产生干扰，如图 3.1.4 所示。

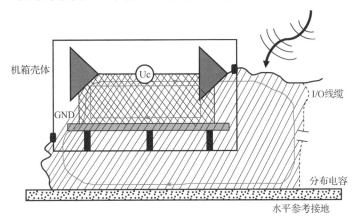

图 3.1.4　电磁场对电路的耦合

从图 3.1.4 可以看出，产品中通常有两种环路，一种是有用信号和它的回路形成的差模环路，另一种是 I/O 线缆对大地形成的共模环路，其中差模环路可以等效为环天线，共模环路可以等效为双极子天线或单极子天线。那么，根据天线原理，当外界电磁场对产品产生辐射时，电路中的天线就可以耦合外界电磁场能量，从而对电路产生干扰。

4．整改措施

产品的显控主板是购买的市场上的第三方通用产品，无原理图和 PCB 图，另外也无技术支持人员，因此无法在主板源头进行整改，经与厂家沟通后采用导电喷涂方案对产品进行屏蔽，如图 3.1.5 所示。

图 3.1.5　塑料机箱壳体导电喷涂

机箱缝隙导电端接如图 3.1.6 所示。

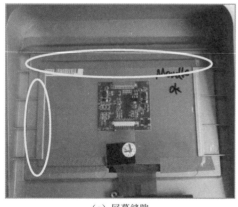

（a）屏幕缝隙　　　　　　　　　　　　（b）机箱壳体缝隙

图 3.1.6　机箱缝隙导电端接

　　显示屏导电喷涂位置与显示屏金属后盖通过结构压接（如弹簧压接）或者导电布端接，避免形成缝隙；连接器开口喷涂后能与金属连接器弹簧端接，或者贴导电泡棉与连接器良好端接；上下壳体缝隙喷涂后能良好端接。

　　5．实践结果

　　塑料机箱壳体导电喷涂之后，处理好显示屏、I/O 接口、上下壳体缝隙的导电端接，形成完整屏蔽，然后合拢整机进行静电放电测试，此时接触放电±6kV 测试、空气放电±8kV 测试均正常，试验通过。

【岛主点评】

　　静电接触放电，乍一看是对机箱壳体的放电，但由于放电时电压、电流发生剧烈变化，因此会产生很强的瞬态电磁场。而恰恰因为工程师在问题整改时目光聚焦在静电放电传导上而忽略了辐射，导致整改来整改去仍然解决不了问题，正所谓"方向不对，努力白费"。本案例反映的正是静电放电电磁场辐射引起的电磁干扰问题，通过对产品进行屏蔽，成功解决了静电放电辐射对产品的干扰。本案例的方法和思路启示我们，静电放电和辐射不可分割，因此设计和整改时静电放电传导和辐射两手都要抓，两手都要硬，不能一叶障目，只见树木不见森林！

3.2 某产品改善机箱壳体导电端接解决静电放电问题案例

1．问题描述

某产品可自动驱使手指做抓、握、伸展等被动训练，可以很好地抑制手指的痉挛，增加手指关节活动度，改善血液循环，达到手指关节放松的目的，对康复训练有着特殊的意义。

产品在进行静电放电测试时，当施加接触放电±6kV时，停止动作，可以自恢复或者需要人为重启后恢复，试验不通过。

2．故障诊断

查看产品结构，产品由两部分组成，上部分为手部训练装置，下部分为控制机箱。手部训练装置为纯金属结构，用来做手部康复性训练，通过螺丝安装在控制机箱上盖板。控制机箱控制手部训练装置动作，控制机箱为金属壳体，机箱上除 I/O 接口外，无其他开口或者缝隙，壳体通过 220V 电源线 PE 接地。

首先查看壳体导电连续性，控制机箱材料为压铸铝，是屏蔽壳体，壳体之间为凹凸槽体金属结构，查看控制机箱壳体缝隙的导电端接，如图1所示。

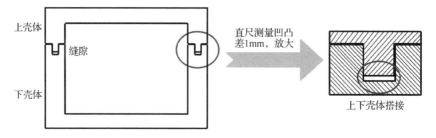

图 3.2.1　控制机箱壳体缝隙的导电端接

从图 3.2.1 可以看出，控制机箱上下壳体金属盖板存在缝隙，导电端接不良，阻抗较高，此时不利于静电泄放。测试时发现，当对控制机箱上壳体和手部训练装置施加静电时产品重启，而当对控制机箱下壳体施加静电时产品正常，经分析是因为控制机箱上壳体与手部训练装置连接，而 PE 接地在控制机箱下壳体，因此，控制机箱下壳体可以良好地泄放静电，而控制机箱上壳体和手部训练装置恰恰相反，所以确认为控制机箱上下壳体导电端接不良引发了静电放电问题。

3．原因分析

产品接触放电测试如图 3.2.2 所示。

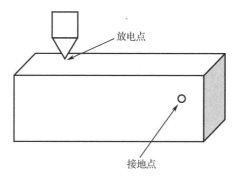

图 3.2.2　产品接触放电测试

在产品进行接触放电测试时，静电电流将沿着控制机箱壳体，通过 PE 线泄放到实验室水平参考接地平板，然后返回源头。理想情况下，确定静电电流泄放路径时，可以将设备的外壳平铺开，沿放电点到设备接地点画一条直线，一般来说，这条直线就是静电电流的泄放路径，如图 3.2.3 所示。

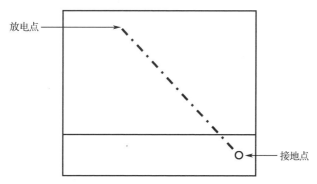

图 3.2.3　静电电流泄放路径

从图 3.2.3 可以看出，理想情况下，静电沿着放电点与接地点之间的直线泄放到大地，但实际情况，在设计控制机箱时，难免存在各种孔洞、缝隙等，都会导致静电电流泄放路径发生改变。本产品控制机箱上下壳体之间存在缝隙，静电电流泄放路径上阻抗很高，因此，上壳体和手部训练装置做接触放电测试时电荷将在上壳体积累，随着电量的升高，将在上壳体和内部电路之间建立电场，随着电场的增强，就会将静电放电干扰带入电路内部，如图 3.2.4 所示。

从图 3.2.4 可以看出，控制机箱上下壳体导电端接不良，导致缝隙处有较大的泄放阻抗。壳体与 GND 平面之间存在分布电容（壳体与信号线之间分布电容很小），静电电流经 GND 平面到接地线时，将在 GND 平面产生压降 ΔU，而叠加到有用信号之上将产生电磁干扰。

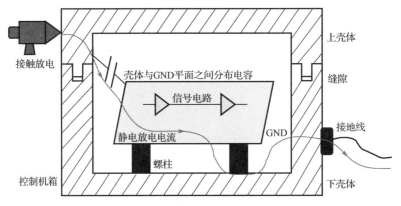

图 3.2.4　控制机箱静电电流泄放路径

4．整改措施

在控制机箱上下壳体凹槽缝隙处填充导电橡胶条，由于橡胶条可以导电且具有弹性，因此填充缝隙后，上下壳体合上时导电橡胶条受到外力挤压，则使得上下壳体良好导电端接，如图 3.2.5 所示。

图 3.2.5　上下壳体缝隙处增加导电橡胶条

整改后静电电流泄放路径如图 3.2.6 所示。

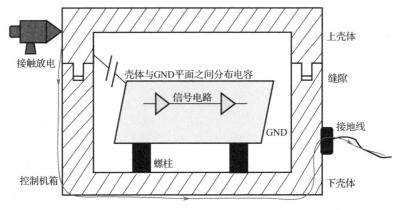

图 3.2.6　增加导电橡胶条静电电流泄放路径

从图 3.2.6 可以看出，在控制机箱缝隙处填充导电橡胶条后，泄放阻抗会大大减小，此时接触放电测试中的静电电流将沿着控制机箱壳体泄放到大地，而避免流经产品内部，从而不对内部电路产生影响。

5．实践结果

在控制机箱上下壳体缝隙处填充导电橡胶条后，对设备进行静电放电测试，在施加接触放电±8kV、空气放电±15kV 时，手部训练装置工作正常，试验通过。

【岛主点评】

机箱是金属壳体的产品，在进行静电放电设计时，首选壳体静电电流泄放的方案，即让金属机箱为静电电流提供一个从壳体到大地的低阻抗路径，让大部分静电电流优先通过金属壳体泄放到大地，从而使得内部电路得到保护。对于本案例产品静电放电问题，经过缜密的诊断和分析，原因是在控制机箱设计时未考虑上下壳体良好导电端接而使得静电电流泄放不畅，在分析清楚原因后通过改善控制机箱上下壳体导电端接效果成功化解。本案例的方法和思路启示我们，路径分析和设计是解决静电放电问题的重要举措，在进行产品静电放电设计时，分析和设计好静电电流的泄放路径则可以"四两拨千斤"，轻松解决问题。

3.3 **某产品通过改变金属散热器形状解决静电放电问题案例**

1. 问题描述

某产品在进行静电放电测试时，施加空气放电±8kV，在测试点 B 处图像会卡死，大约 20s 后会恢复到正常状态，试验不通过，静电放电测试点如图 3.3.1 所示。

图 3.3.1　静电放电测试点

2. 故障诊断

查看产品结构，测试点 B 靠近前端 sensor 芯片（图像传感器芯片）。试验时图像卡死，根据产品硬件原理分析，图像出现卡死现象，说明前端 sensor 芯片"挂死"，而后恢复到正常状态，说明 sensor 芯片重新恢复，20s 是恢复机制设定的时间。

摄像头采用分板设计，内部架构图如图 3.3.2 所示。

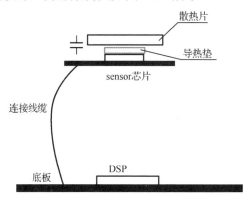

图 3.3.2　摄像头内部架构图

为测试点 B 施加的是空气放电，而感光板与结构无搭接，因此推断故障原因为静电放电空间电磁场辐射对产品的干扰。因为感光板散热片较大，相当于辐射接收天线，怀疑散热片与感光板之间通过分布电容耦合电磁干扰从而导致了静电放电测试失败。将散热片去除再进行验证，重新进行静电放电试验，此时未出现图像卡死现象。

3．原因分析

查看产品散热片，发现其未接地平面，处于悬空状态，分析此时的静电干扰传输路径如图 3.3.3 所示。

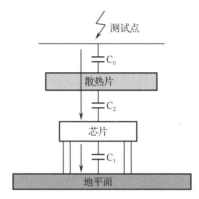

图 3.3.3　静电干扰传输路径

图中，C_0 表示静电放电测试点与散热片之间的寄生电容，C_2 表示散热片与芯片之间的寄生电容。静电干扰将经静电放电测试点通过 C_0 耦合到散热片上，再经过 C_2 耦合到芯片内部和引脚之上，从而造成芯片 CPU 卡死或者逻辑转换。

由以上分析可知，散热片的存在增大了静电与芯片电容性耦合的风险，因而出现抗扰度问题。

4．整改措施

因为去除散热片或者散热片接地（将散热片耦合的干扰导入地平面）都不易实现，所以考虑改变散热片形状，减小散热片与芯片的接触面积，从而减小二者之间的分布电容，如图 3.3.4 所示。

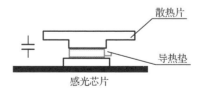

图 3.3.4　更改后散热片形状

5．实践结果

根据前面的方案整改后，整机顺利通过了空气放电±15kV 静电测试，问题解决。

【岛主点评】

在进行静电放电测试时，工程师可能发现当去掉金属散热片后，产品安然无恙，但是一旦装上金属散热片，产品经常出现静电放电问题，即金属散热片安装与否会让静电放电效果截然相反，何故？本案例因静电放电问题导致系统死机，经过缜密的诊断和分析，为金属散热片耦合静电放电电磁场导致，后通过重新设计散热片形状，减小其与芯片间寄生参数成功化解。本案例的方法和思路启示我们，金属散热片在设计时不能悬空，需要直接或间接接地平面，或通过改变散热片形状减小其与芯片间的分布电容，如此才能防微杜渐，防患于未然。

某产品通过I/O接口导电端接解决静电放电问题案例

1．问题描述

某医用主机在进行静电放电测试时，当在系统视频接口处施加接触放电±4kV 时，视频中断，不输出图像，需要断电重启才能恢复正常，试验不通过。

2．故障诊断

查看产品结构，机箱壳体为金属切料，视频采集卡的视频线缆为屏蔽线缆，金属连接器与机箱壳体未进行导电端接，视频采集卡接口如图 3.4.1 所示。

图 3.4.1　视频采集卡接口

从图 3.4.1 可以看出，视频采集卡金属连接器与机箱壳体金属面板之间存在缝隙，两者之间没有导电端接，当对金属连接器做接触放电测试时，产生的静电电流将沿着金属连接器进入内部单板（产品有两块单板，即视频采集卡和主板）。此时，如果静电电流流经单板的敏感电路，将引发产品的抗扰度问题。

3．原因分析

视频采集卡和主板通过金手指连接。用万用表测量金属连接器与视频采集卡 GND（电线接地端），两者之间为导电连接，而视频采集卡 GND 通过金手指与主板 GND 连接，主板 GND 又通过螺柱与机箱壳体连接，分析静电电流泄放路径，如图 3.4.2 所示。

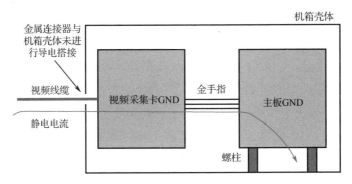

图 3.4.2　静电电流泄放路径

从图 3.4.2 可以看出，静电电流泄放路径为金属连接器—视频采集卡 GND—金手指—主板 GND—机箱壳体，静电电流从 GND 流经了所有单板，因为单板 GND 有一定的阻抗，所以静电电流将在 GND 上产生干扰电压，如图 3.4.3 所示。

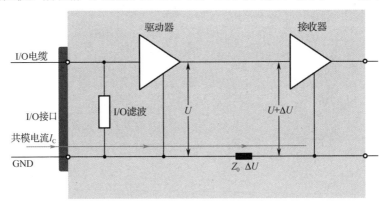

图 3.4.3　电流产生的干扰电压

从图 3.4.3 可以看出，注入 GND 上的共模电流，由于 GND 平面和地线存在一定的阻抗 Z_0，则静电放电共模电流 I_c 流过 GND 时将产生电位 ΔU，此时，ΔU 与驱动电路的有用电压 U 共同叠加在接收器输入端，将影响接收电路的正常工作，导致产品出现异常。

4. 整改措施

将金属连接器与机箱壳体导电连接，则静电干扰电流从接口处导入机箱壳体，从而通过金属材料的机箱壳体泄放到大地，如图 3.4.4 所示。

从图 3.4.4 可以看出，将金属连接器与机箱壳体良好导电连接后，可以避免静电电流流经产品内部电路。现场整改时使用导电布将金属连接器与机箱壳体导电连接在一起，如图 3.4.5 所示。

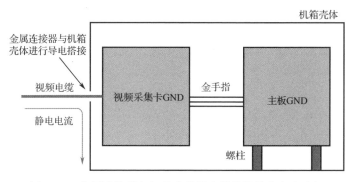

图 3.4.4　金属连接器与机箱壳体导电搭接的静电电流路径

图 3.4.5　使用导电布将金属连接器与机箱壳体导电连接

5．实践结果

整改后对产品视频接口施加±8kV 接触放电，产品图像显示正常，试验通过。量产时使用导电泡棉衬垫将金属连接器与机箱壳体导电连接，如图 3.4.6 所示。

图 3.4.6　利用导电泡棉衬垫连接金属连接器与机箱壳体

【岛主点评】

根据静电放电试验标准，产品 I/O 接口金属连接器需要做接触放电试验，此时，如果机箱壳体为金属材料，那么金属连接器与机箱壳体导电连接从而将静电电流从机箱壳体泄放到大地无疑是最优的设计方案，但在实际工作中，工程师设计时往往忽视这个细节，从而带来巨大的 EMI 隐患。本案例静电放电问题导致系统死机，经过缜密的诊断和分析，通过将金属连接器与机箱壳体导电连接成功化解。本案例的方法和思路启示我们，I/O 接口金属连接器与机箱壳体导电连接是解决静电放电风险的优选举措，方法虽易，效果甚好！

3.5　某产品通过接口保护电路设计解决静电放电问题案例

1．问题描述

某产品在对 Micro USB 接口进行空气放电±8kV 测试时，液晶屏显示死机，屏幕计时停止变化，试验不通过。

2．故障诊断

查看产品结构，机箱壳体为塑料材质，产品除屏幕、I/O 接口、上下壳体缝隙外无其他孔洞，在进行空气放电测试时，由于电压和电流的剧烈变化，会产生很强的瞬态电磁场，用导电布将产品包裹进行排查，如图 3.5.1 所示。

用导电布将产品包裹后，再次在 USB 接口外进行空气放电测试，此时问题复现，因此可以确认，静电放电产生的电磁场和塑料的机箱壳体没有关系。由于 I/O 接口插针、布线与放电点距

图 3.5.1　导电布包裹产品

离很近，会在 I/O 接口耦合电磁干扰，从而沿 I/O 接口信号线传导进入单板内部，导致产品出现静电放电抗扰度问题。

3．原因分析

打开产品机箱壳体，查看单板 I/O 接口静电防护情况，发现 USB 接口无静电防护电路，再查看原理图，经确认 I/O 接口未做静电防护设计，工程师反馈该接口仅用于调试，实际工作中不使用。那么此时静电放电耦合到 I/O 接口信号线后干扰机理如图 3.5.2 所示。

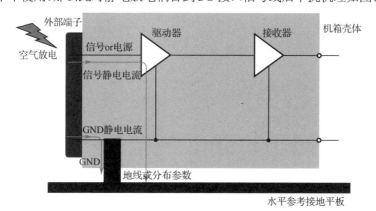

图 3.5.2　USB 接口无静电防护电路干扰机理

从图 3.5.2 可以看出，当 USB 接口没有静电防护电路时，接口信号耦合的电磁干扰会沿着布线传导进入单板内部，从而对内部敏感电路产生干扰。

4．整改措施

根据以上分析，在 USB 接口处增加静电防护电路，此时抑制机理如图 3.5.3 所示。

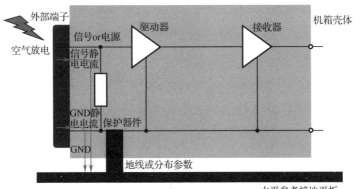

图 3.5.3　USB 接口增加静电防护电路抑制机理

从图 3.5.3 可以看出，在 USB 接口增加静电防护电路之后，那么耦合到信号线上的静电放电干扰将通过静电防护电路泄放到大地，从而使得内部电路得到保护。USB 接口增加双向瞬态抑制二极管 SMBJ6.0CA，如图 3.5.4 所示。

改进后原理图如图 3.5.5 所示。

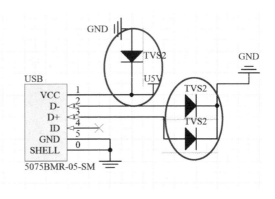

图 3.5.4　双向瞬态抑制二极管　　　　图 3.5.5　USB 接口增加双向瞬态抑制二极管原理图

5．实践结果

USB 接口增加静电防护电路后，此时再进行空气放电±8kV 测试，产品功能正常，试验通过。

【岛主点评】

在进行静电放电设计时，工程师经常据理力争："我这个 I/O 接口平时不用，仅作为调试用，工作时没有电流流过，所以不需要做接口静电防护。"对吗？大错特错！这个道理就像认为家里没人大门就不用上锁一样，贻笑大方。要知道没有电流，是没有有用的差模电流，但对于 EMC 里面重点关注的共模电流，接不接线缆都不妨碍共模电流通道的形成。本案例中的问题就是进入了这样的误区，通过在接口处加上防护电路成功化解。本案例的方法和思路启示我们，I/O 接口静电防护电路就是静电放电"防火墙"，只要有接口就需要进行静电放电防护，和产品工作时接不接线缆没有半点儿关系，切记，切记！

3.6 某产品通过在排线加电容滤波解决静电放电问题案例

1. 问题描述

某医疗产品操作键盘按键在进行±8kV 空气放电测试时，主控系统出现复位，系统断电重启后可正常工作，试验不通过。

2. 故障诊断

打开机壳，查看产品内部结构，发现产品键盘通过排线与主控板连接，如图 3.6.1 所示。

图 3.6.1 产品键盘与主控板连接排线

从图 3.6.1 可以看出，按键排线长度较长，另外查看产品原理图，按键排线只有 1 根 GND。根据空气放电原理，其放电瞬间会产生很强的瞬态电磁场，而电磁场又会对环路产生耦合，排线信号环路较大，怀疑因静电产生的电磁场会向排线信号耦合，从而导致单片机 MCU 微控制单元受到干扰。

将系统复位，开机使其恢复正常功能，然后拔掉排线，此时对键盘按键进行±8kV 空气放电测试，放电完成后将排线恢复，发现主控系统工作正常，说明拔掉排线后，对键盘按键进行空气放电，主控系统不受影响。然后对键盘按键再次进行±8kV 空气放电测试，发现主控板复位，由此可判定，静电干扰耦合到排线从而传导进入主控板使得主控板复位。

3. 原因分析

查看排线与主控板连接原理图，如图 3.6.2 所示。

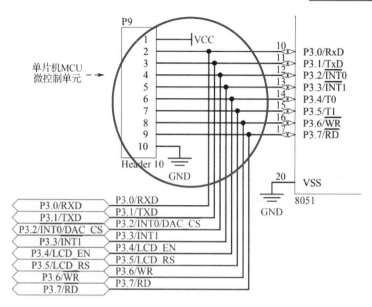

图 3.6.2　排线与主控板连接原理图

从图 3.6.2 可以看出，按键排线连接至主控板连接器，然后到单片机 MCU 微控制单元，此时线路上无静电防护器件或者滤波电容，那么，排线耦合的静电干扰，将沿着主控板布线到单片机 MCU 微控制单元从而影响其正常工作。

4．整改措施

在主控板排线连接器位置增加滤波电容，如图 3.6.3 所示。

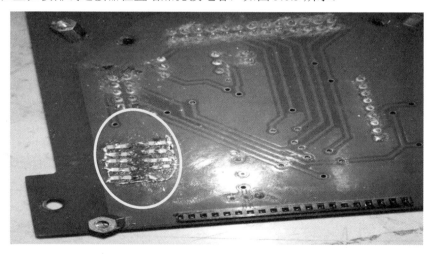

图 3.6.3　在主控板排线连接器位置增加滤波电容

选择在主控板排线连接器位置对排线每个信号线并联 1000pF 滤波电容，滤除排线耦合的静电干扰，防止静电干扰进入单片机 MCU 微控制单元。

5. 实践结果

根据以上方案整改之后，对按键进行±8kV 空气放电测试，此时主控板无复位现象，同时按键反应灵敏，试验通过。

【岛主点评】

排线是产品内部模块之间或者主控板与配件之间互连的线缆，很多静电放电问题的出现，排线往往"难辞其咎"，它让 EMC 工程师又爱又恨，毕竟，硬件功能的实现还要靠它。本案例静电放电问题导致系统复位，经过缜密的诊断和分析后，通过在排线连接器处增加滤波电容成功化解。本案例的方法和思路启示我们，排线信号环路大、地线阻抗高，是静电放电问题中最为敏感的薄弱点之一，因此，也成为静电放电设计的重中之重，那么滤波等手段不可或缺，解决了排线问题，静电放电问题迎刃而解，可谓一针见血，直击利害。

3.7　某产品通过单板层叠设计解决静电放电问题案例

1．问题描述

某塑料壳体平板产品,在进行静电放电测试时,±6kV 空气放电测试中产品死机,需要断电重启才能恢复正常,试验不通过。

2．故障诊断

查看产品结构,机箱壳体为塑料材质,主板由四层单板构成,层叠顺序为 TOP—GND—POW—BOT,根据微带线原理,顶层信号以第二层 GND 平面作为参考回流平面,底层信号以第三层 POW 平面作为参考回流平面,单板层叠结构如图 3.7.1 所示。

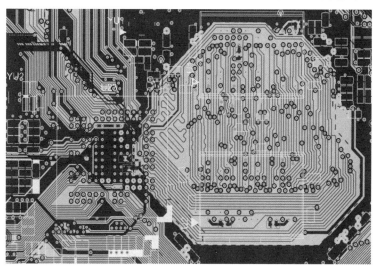

图 3.7.1　单板层叠结构

图 3.7.1 中,黑色为底层布线,灰色为第三层电源平面,产品为数字产品,根据整机的故障现象,怀疑高速 DDR(高速数字数据记录仪)对静电比较敏感。在进行 PCB 设计时,DDR 信号选择顶底层布线,分别参考不同的回流平面,环路比较大,容易受静电干扰。

将静电枪电压调低至 100V,直接用静电枪枪头对高速 DDR 布线放电,此时问题可以复现,因此确认是因为 DDR 信号受静电干扰而导致的死机。

3．原因分析

根据基尔霍夫电压定律和安培定律,电流永远需要一个完整的环路,所有电流都要经完整的环路回到其源头,如图 3.7.2 所示。

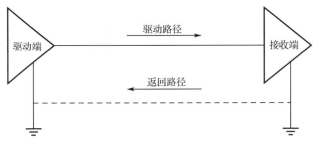

图 3.7.2　电流环路

　　信号的传输路径是由两条相反的子路径构成的，一条是驱动路径（信号路径），由驱动端指向接收端；另一条是返回路径（回流路径），由接收端指向发送端，即任何电路既有信号路径又有回流路径。多层单板电源平面和地平面都可以作为信号的回流路径，根据微带线原理，微带线因为信号布线与参考平面之间紧密耦合的缘故，信号回流会在参考平面上布线的直接正下方（或正上方）流动，因此，本产品四层单板信号回流路径如图 3.7.3 所示。

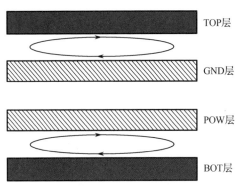

图 3.7.3　四层单板信号回流路径

　　从图 3.7.3 可以看出，顶层布线层（TOP 层）信号回流就近参考 GND 层（地平面），而底层布线层（BOT 层）信号回流就近参考 POW 层（电源平面），由于电源平面和地平面的电气属性不同，此时信号回流不能从地平面回到电源平面，如图 3.7.4 所示。

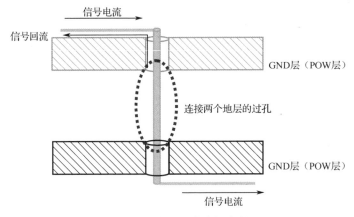

图 3.7.4　信号回流路径中断

　　从图 3.7.4 可以看出，参考不同平面的回返电流路径中断，此时回返电流将流经不可预期的路径，增大 DDR 布线的环路面积，环路越大，接收外界电磁场能力越强，那么将增大 EMC 风险。

4．整改措施

调整单板层叠结构为 TOP—GND—SIG—POW，此时信号回流路径如图 3.7.5 所示。

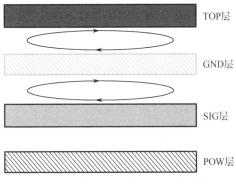

图 3.7.5　调整单板层叠结构后信号回流路径

从图 3.7.5 可以看出，调整单板层叠结构后，TOP 层和 SIG 层都参考地平面，此时信号回流在地平面流动，回返电流路径不中断，信号环路面积很小，改板后 PCB 层叠结构如图 3.7.6 所示。

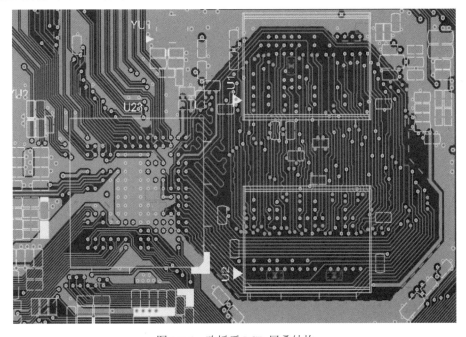

图 3.7.6　改板后 PCB 层叠结构

从图 3.7.6 可以看出，将底层布线层调整到第三层，第四层改为电源平面，其他都不变，以减小 DDR 信号环路面积，提高其抗扰度。

5. 实践结果

改板后对产品进行±15kV 空气放电测试，此前死机问题再未出现，产品工作正常，试验通过。

【岛主点评】

多层单板的设计，重点是为信号提供良好的回返电流路径，至于层叠的结构，需要根据产品的特性具体问题具体分析，灵活设计，没有亘古不变的真理。然而很多工程师对单板层叠的设计一知半解，经常容易犯的错误就是迷信经验，教条主义。在进行本案例产品层叠设计时，套用的是四层单板经典层叠结构，在不改动布线的情况下，通过调整四层单板层叠结构成功化解。本案例的方法和思路启示我们，没有一成不变的层叠设计，知识要活学活用，以不变应万变，循规蹈矩只会进入死胡同。

3.8 某产品通过增加线间隔离度解决静电放电问题案例

1. 问题描述

某终端产品需要满足接触放电±8kV、空气放电±15kV 测试标准要求。当对产品金属连接器进行接触放电±4kV 测试时，终端出现蓝屏或花屏，系统不能自动恢复，试验不通过。系统接触放电测试结果见表 3.8.1。

表 3.8.1 系统接触放电测试结果

试验电压	试验现象	备注
±3kV	NO Crash	—
±4kV	Crash	重新开机恢复
±6kV	Crash	重新开机恢复
±8kV	Crash	重新开机恢复
±10kV	Crash	重新开机恢复

2. 故障诊断

查看软件 Log（日志）的终端系统运行信息，确认应用故障 Bug 的记录，如图 3.8.1 所示。

图 3.8.1 终端系统运行信息

经分析和确认软件 Log，静电故障为终端 Qlink 通信环路失效，因此，确认 Qlink 电路和信号受到静电干扰。

3. 原因分析

打开终端后盖，其整机结构示意图如图 3.8.2 所示。

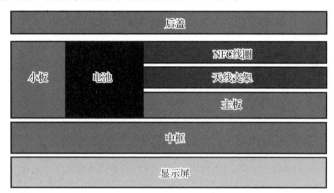

图 3.8.2　整机结构示意图

使用静电枪对摄像模组 BTB 连接器、Camera 模组 BTB 连接器、NFC 弹片进行接触放电测试，此时发现 NFC 弹片对静电非常敏感且软件 Log 所记录故障与整机一致。查看 NFC 弹片信号防护电路，发现 TVS（瞬态二极管）靠近 NFC 弹片使得效果大打折扣，如图 3.8.3 所示。

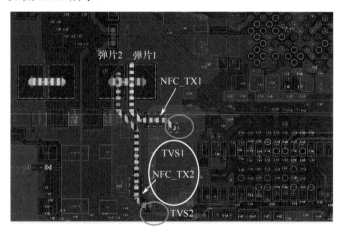

图 3.8.3　静电放电敏感的 NFC 弹片和 TVS 防护

再次查看 NFC 弹片信号及其布线，发现两对敏感的 Qlink 信号线及其 4∶7 过孔与 NFC 弹片换层过孔空间距离非常接近，则此时试验的 NFC 信号线静电干扰将极易通过电磁场耦合在 Qlink 通信环路而产生电磁干扰，从而导致系统崩溃，如图 3.8.4

所示。

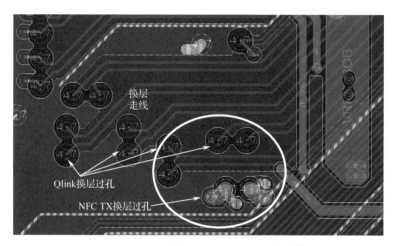

图 3.8.4　相互靠近的 Qlink 和 NFC 信号线

4．整改措施

考虑到整机结构已定，在不改变整机结构布局的情况下，微调 Qlink 信号线，加大 Qlink 信号线和 NFC 信号线的间距，同时在两者之间增加接地的过孔篱笆墙，增加隔离度，PCB 改板前后如图 3.8.5 示。

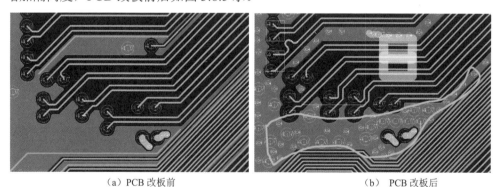

（a）PCB 改板前　　　　　　　　　　　（b）　PCB 改板后

图 3.8.5　PCB 改板前后

PCB 板布线优化改进后，利用全波电磁场对改进前后的板子进行仿真，在 2GHz 频率以下，改板前后 Qlink 信号和 NFC 信号隔离度有将近 30dB 的改善，效果明显。

5．实践结果

根据以上方案整改之后，整机顺利通过了接触放电±10kV、空气放电±15kV 测试。

【岛主点评】

静电放电，总给人一种神神秘秘的感觉，工程师若想施展拳脚，却常常如同大海里捞针——无处下手。如何破解，耦合机理的分析是关键！本案例静电放电问题导致产品通信环路失效，经过缜密的诊断和分析，为 NFC 信号线接收的静电干扰耦合到 Qlink 通信环路所致，改板时通过微调线间距增加隔离度成功化解。本案例的方法和思路启示我们，解决问题易，诊断问题难，然而电磁场耦合再"诡异"，"狐狸"终究会露出"尾巴"，都能被斩断！

3.9　某产品通过复位信号电容滤波解决静电放电问题案例

1．问题描述

某产品进行±4kV 接触放电测试时，出现自动进入待机模式的现象，系统不能自动恢复，试验不通过。

2．故障诊断

产品原理框图如图 3.9.1 所示。

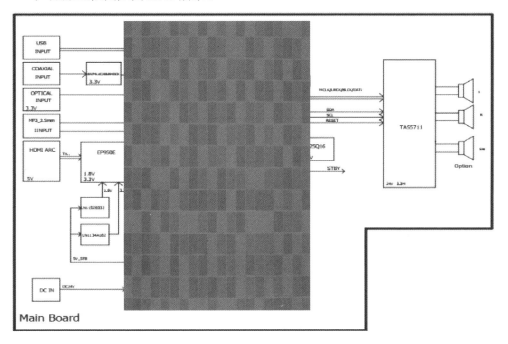

图 3.9.1　产品原理框图

根据产品原理框图分析，确认产品进入待机模式的硬件条件如下：

（1）ON/OFF 按键被误触发，导致自动关机，进入待机模式；

（2）MCU 芯片供电电源出现跌落，导致 MCU 芯片掉电，进入待机模式；

（3）MCU 芯片 RESET 信号被误触发，导致其被复位，进入待机模式；

（4）MCU 芯片其他 GPIO（通用型输入/输出）信号受干扰，导致 MCU 芯片误动作，进入待机模式。

3．原因分析

MCU 芯片供电 LDO（低压差线性稳压器）输入电源由直流输入（DC-IN）经

DC-DC 转换为 ST_5V 电源，然后由 LDO 转换为 3.3V&1.8V 电压给 MCU 芯片，LDO 本身就具有线性稳压作用，另 DCDC-EN 引脚由 DC-IN 电源采用 200kΩ&30kΩ 电阻分压，调整分压电阻的参数使 EN 引脚开启电压工作状态更可靠，此时静电放电问题无改善，因此排除电压波动问题。

MCU 芯片复位信号电路设计如图 3.9.2 所示。

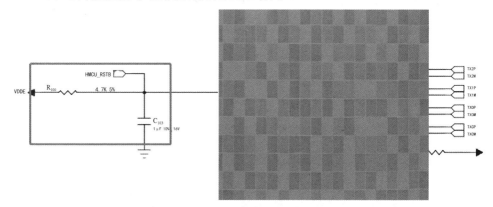

图 3.9.2　MCU 芯片复位信号电路设计

从图 3.9.2 可以看出，MCU 芯片复位电路采用 RC 复位的方式，在正常工作状态下，用镊子短路 C_{103} 电容，此时的故障现象同静电放电测试时出现的现象相同，检查复位信号 PCB 布线，上拉电阻 R_{100} 靠近 MCU 芯片引脚处放置，但电容 C_{103} 放置却远离 MCU 芯片复位引脚。

复位信号是芯片非常重要的敏感信号，其工作的可靠性直接影响芯片工作状态的稳定性。由于产品采用纯塑料壳设计，板卡无金属背板接地，静电电流只能从板卡参考地平面回流到 DC-IN 电源，然后到源端。静电电流在板卡参考地平面流动时，势必造成参考地平面的地电位快速波动，复位信号参考电压也会随之波动，导致 MCU 芯片出现复位后重启，并进入待机模式。

4．整改措施

在 MCU 芯片靠近复位引脚处增加一个 0.1μF/0402 电容，利用电容两端电压不能突变的特性，进行瞬间电压钳位，从而吸收地电位快速波动产生的电磁干扰，复位信号增加滤波电容如图 3.9.3 所示。

5．实践结果

根据以上方案整改之后，整机在进行±6kV 接触放电、±8kV 空气放电静电测试时工作正常，试验通过。

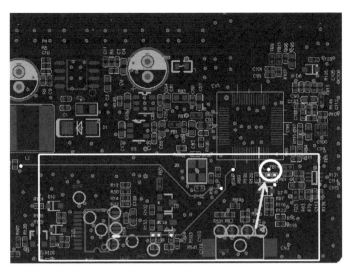

图 3.9.3 复位信号增加滤波电容

【岛主点评】

在进行 EMC 设计时，工程师易犯的错误就是"胡子眉毛一把抓"，分不清轻重；正确的方法应该是抓大放小，抓住主要矛盾，舍弃次要矛盾，即优先把对 EMC 结果影响较大的关键电路和信号处理好，其他电路和信号则可以"等闲视之"。本案例因静电放电问题导致产品待机，经过缜密的诊断和分析，确认为复位电路受到静电干扰所致，后通过在复位信号上增加滤波电容成功化解。本案例的方法和思路启示我们，复位信号是众所周知的静电放电敏感信号，设计时要铆足劲把复位信号 EMC 设计好，如果不重视复位信号而去花力气处理其他信号，则舍本逐末，解决不了问题。

3.10 某产品通过I²C信号线滤波电容解决静电放电问题案例

1. 问题描述

某产品是集视频处理、画面拼接、多画面显示等于一体的高性能无缝切换器，客户反馈现场连接的终端显示设备在有人员经过时，会发生画面抖动、闪屏。

2. 故障诊断

经客户确认现场终端显示设备只有在人员经过时才会出现画面抖动、闪屏等情况，则可以排除现场电磁干扰，如传导骚扰、辐射骚扰等；考虑到人体是导体，根据人体放电模型（HBM），人体经过被测件时可能存在间接放电或者空气放电，而且人体与被测件电容性耦合等都可能干扰被测件敏感电路，因此，在实验室对产品进行静电放电测试，在±3KV 接触放电测试时问题复现，从而确定应以静电放电为突破口进行整改。

本产品结构复杂，属于典型的开口多（大于 20 个）、I/O 接口多（大于 20 个）、线缆多、辅助设备多、单板功能单元多、内部子板多（11 个）的结构，经过最小化系统、模块、电路、网络后被测件简易系统模型如图 3.10.1 所示。

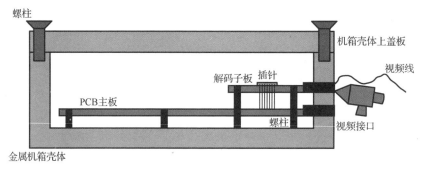

图 3.10.1　被测件简易系统模型

查看产品，视频 I/O 接口与金属机箱壳体端接处无导电衬垫，在进行静电放电测试时，金属连接器和空间电磁场会对接口产生信号耦合，从而将静电干扰带入内部电路。查看解码子板视频输入电路，发现其 I/O 接口各信号都增加了静电防护器件，但是经过静电防护之后的 4 路视频信号直接进入视频解码芯片，中间无任何滤波电路，如图 3.10.2 所示。

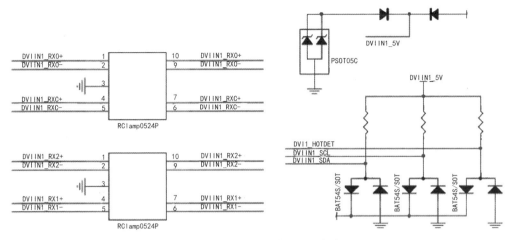

图 3.10.2　视频接口静电防护电路

将静电电压调低到 500V，在直接对 4 路视频输入信号线进行静电放电测试时，问题复现。此时在 4 路差分信号线上增加 90Ω/100M 贴片信号共模电感，然后对 4 路信号线进行 500V、800V 接触放电测试，测试结果没有改善，如表 3.10.1 所示。

表 3.10.1　视频接口信号线测试结果

序　号	网 络 名 称	原 TVS		原 TVS+新增 90Ω/100M 贴片信号共模电感	
		100V	500V	500V	800V
1	DVIIN1_RX0-	YES	Fail	Fail	Fail
2	DVIIN1_RX0+	YES	Fail	Fail	Fail
3	DVIIN1_RX1-	YES	Fail	Fail	Fail
4	DVIIN1_RX1+	YES	Fail	Fail	Fail
5	DVIIN1_RX2-	YES	Fail	Fail	Fail
6	DVIIN1_RX2+	YES	Fail	Fail	Fail
7	DVIIN1_RXC-	YES	Fail	Fail	Fail
8	DVIIN1_RXC+	YES	Fail	Fail	Fail

此时怀疑子板视频解码芯片极其敏感，客户反馈另一款类似产品的视频解码芯片、FPGA、CUP 和本款产品均一样，功能也类似，然后对此款产品视频解码芯片视频输入信号线进行 500V 接触放电测试，抖动和闪屏问题均没有出现，接触电压调高至 800V，结果也正常，因此排除视频解码芯片问题。对比这两款产品，发现未出问题的产品子板视频解码电路板和主板在同一块 PCB 上，而本次出问题的产品则是将视频解码电路板设计为主板子板，和主板通过插针连接器连接，此时视频解码

芯片输出的视频信号将经过子板—连接器—主板传输。查看主板 PCB 为 8 层单板，所有信号线均良好参考地平面；而子板为 4 层单板，视频输出信号线主要参考电源平面，但电源平面电源分割严重，子板电源平面分割如图 3.10.3 所示。

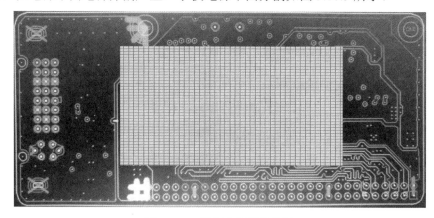

图 3.10.3　子板电源平面分割

视频解码芯片输出的视频信号，通过子板、插针传输到主板，此时子板回流参考子板电源平面，由于电源平面有分割，布线将多次跨越分割平面，如图 3.10.4 所示。

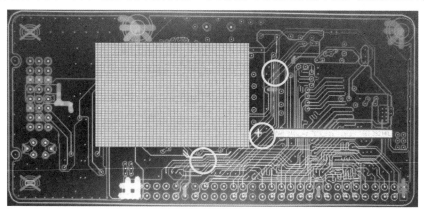

图 3.10.4　视频信号跨越分割平面

回流信号跨越分割平面且经过子板与主板插针 GND 再到主板 GND 平面，导致回流流经不可预期的路径，回路面积增大，抗扰度能力降低。

3．原因分析

视频解码芯片输出的视频信号环路很大，则在进行静电试验时信号环路将耦合静电放电辐射电磁场，因此，在子板与主板连接的 J2 接口焊接 10～820pF 的电容用于滤波，如图 3.10.5 所示。

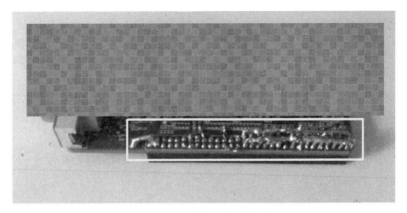

图 3.10.5　视频信号加电容滤波

整改后，接触放电从±3kV 一直施加到±8kV，系统功能正常，抖动和闪屏问题解决。查看子板与主板连接器信号线，进一步优化整改方案，根据经验怀疑问题是由 I^2S 总线和 I^2C 总线信号比较敏感而导致的，如图 3.10.6 所示。

J2

	2	GND_2	GND_1	1	
HUB2_R6	4	R6/Y0	R7/Y1	3	HUB2_R7
HUB2_R4	6	R4/CrCb0	R5/CrCb1	5	HUB2_R5
HUB2_R2	8	R2	R3	7	HUB2_R3
HUB2_R0	10	R0	R1	9	HUB2_R1
HUB2_G6	12	G6/Y8	G7/Y9	11	HUB2_G7
HUB2_G4	14	G4/Y6	G5/Y7	13	HUB2_G5
HUB2_G2	16	G2/Y4	G3/Y5	15	HUB2_G3
HUB2_G0	18	G0/Y2	G1/Y3	17	HUB2_G1
	20	GND_4	GND_3	19	
HUB2_B6	22	B6/CrCb8	B7/CrCb9	21	HUB2_B7
HUB2_B4	24	B4/CrCb6	B5/CrCb7	23	HUB2_B5
HUB2_B2	26	B2/CrCb4	B3/CrCb5	25	HUB2_B3
HUB2_B0	28	B0/CrCb2	B1/CrCb3	27	HUB2_B1
HUB2_VS	30	VS	HS	29	HUB2_HS
HUB2_DE	32	DE	CLK	31	HUB2_CLK
	34	GND_6	GND_5	33	
HUB2_I2S_LRCLK	36	I2S_LRCK	I2S_SDIN	35	HUB2_I2S_DIN
HUB2_I2S_MCLKIN	38	I2S_MCLK	I2S_SCLK	37	HUB2_I2S_CLKIN
	40			39	
	42	SPI_WPn	SPI_CS	41	
A_HUB_INT1	44	SPI_MISO	SPI_CLK	43	
HUB2_Board_ID	46	Board_INTn	SPI_MOSI	45	HUB2_RESET#
	48	Board_ID	Board_RST	47	
HUB2_SCL	50	GND_8	GND_7	49	HUB2_SDA
	52	I2C_SCL	I2C_SDA	51	
	54	Board_HPD	EDID_WP	53	
	56	M_TX/S_RX	M_RX/S_TX	55	
	58	RSV2	RSV1	57	
VCC5.0	60	VCC5.0	VCC5.0	59	VCC5.0
		VCC5.0	VCC5.0		

VCC5.0　　　　　　　　　　　　　　　　　　　　　　　　　　　　VCC5.0

VR_HUB Conn_60x2.0 60P插针

图 3.10.6　I^2S 总线和 I^2C 总线信号

对 I^2S 信号线和 I^2C 信号线焊接滤波电容，试验通过。最后进一步优化，去掉 I^2S 信号线滤波电容，在 I^2C 信号线 SCL（串行时钟线）和 SDA（串行数据线）各焊接一个 820pF 电容（0603 陶瓷电容），验证后接触放电从 ±3kV 一直施加到 ±8kV，系统功能正常，抖动和闪屏未复现，问题解决，因此确定 I^2C 信号线受到了静电干扰。

4. 整改措施

根据以上分析，考虑到 I^2C 信号频率较高，在 I^2C 信号线对 GND 并联 80pF 电容，避免信号受到影响，如图 3.10.7 所示。

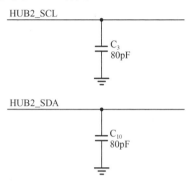

图 3.10.7　I^2C 信号线加电容滤波

5. 实践结果

合拢整机，对系统进行静电放电测试，此时产品工作正常，最后，将整改方案应用在现场，故障未再复现，问题得到解决。

【岛主点评】

在进行静电放电设计整改时，经常看到工程师把产品包成了"粽子"，打造成了"钢铁侠"，来了个大变样，实在让人汗颜。可能，很多工程师都有这样的体会，找到了问题的根源，用 1 个电容或电阻就能搞定；找不到问题的根源，再怎么包、再怎么裹都没用，或者，解决结果就只是一纸报告，没有实际价值！本案例产品静电放电问题异常复杂，经过缜密的诊断和分析，通过使用两个 0603 陶瓷电容对敏感信号滤波成功化解！本案例的方法和思路启示我们，整改的方法千千万，找到问题是关键！

3.11　某产品通过在MOS管栅极增加电阻解决静电放电问题案例

1．问题描述

某床头分机应用环境为医院病房，在冬季此产品频繁出现液晶屏黑屏或白屏等现象，其他类似产品也出现此问题，故障率很高。

2．故障诊断

产品从现场召回后，发现为电路供电的 MOS 管损坏，栅极间短路，输出电压由正常的 46V 变为 15V，维修更换 MOS 管后产品恢复正常，如图 3.11.1 所示（该图为软件导出图，未进行标准化处理）。

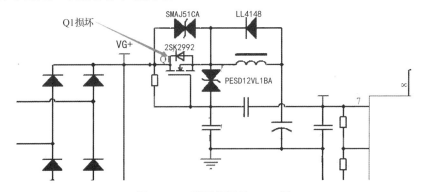

图 3.11.1　现场损坏的 MOS 管

故障出现的时间集中在冬季，考虑到医院人流量大，且冬季环境干燥、服装面料容易摩擦起电等，因而初步判断是静电干扰导致的 MOS 管损坏。

在实验室对屏幕金属边框和缝隙等进行接触放电和空气放电测试，在施加电压 ±18kV 左右时故障复现，因而确定为静电放电问题导致的现场故障。

3．原因分析

MOS 管是静电放电敏感器件，输入阻抗很高，栅极和源极间电容又非常小，极易受外界电磁场或静电的感应而带电，其通常有如下两种静电失效模式：

（1）电压型，静电感应电压将栅极和源极间的绝缘层击穿，导致栅极和源极间短路；

（2）功率型，静电放电产生的脉冲电流，具有很大的瞬态功率，因过热导致栅极或源极开路。

产品安装在病房供养带上，输入 48V 电源经滤波、防反接后连到 MOS 管，如图 3.11.2 所示。

图 3.11.2　电源输入（马赛克图）

从图 3.11.2 可以看出，外部输入电源线较长，且板上电源插头与 MOS 管空间距离很近，因此线缆感应的静电能量容易导致 MOS 管失效。查看整机输入原理图，其防护设计电路如图 3.11.3 所示。

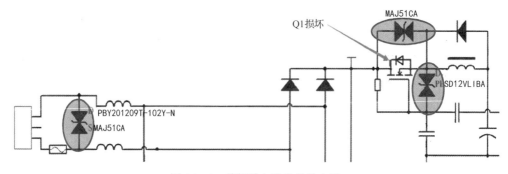

图 3.11.3　整机输入防护设计电路

从图 3.11.3 可以看出，电源入口和敏感源 MOS 管的栅极、源极间都增加了 TVS 管防护，但是通常情况下防护电路吸收瞬态能量有限（在实验室 ±18kV 静电放电测试中电源故障复现），另外 MOS 管对静电又极其敏感，太大的瞬态信号和过高的静电电压将使防护电路失去作用，因此，确定故障为 MOS 管静电保护薄弱所致。

4. 整改措施

MOS 管导通时电流容限通常为 mA 级，当可能出现较大的瞬态输入电流时，应在驱动端串接输入保护电阻，用电阻抑制静电放电时的瞬态大能量，电阻取几欧姆到十几欧姆。所以在 MOS 管 GS 极增加 10Ω 电阻，如图 3.11.4 所示。

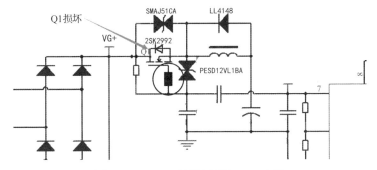

图 3.11.4　MOS 管栅极增加 10Ω 电阻

5. 实践结果

整改后合拢整机，对屏幕金属边框和缝隙进行空气放电和接触放电测试，此时施加 ±18kV 静电放电时故障消失，然后将电压一直增加到 ±30kV（采用 30kV 高压静电枪）仍然正常，试验通过。

按以上方法整改后，现场应用故障未再复现，问题解决。

【岛主点评】

电阻能解决静电放电问题吗？还别说，不但能解决，效果可能还出乎意料的好，这是什么原因，有什么玄机？回想一下这句诗，"问渠哪得清如许，为有源头活水来"，我们可能会找到答案，"源"也！本案例产品静电放电问题，经过缜密的诊断和分析，通过使用一个电阻成功化解，整改后进行静电放电测试，测试电压施加到 ±30kV 时产品依然安然无恙，不得不让人佩服，试验通过等级比较高，整改方法比较"奇"，取得效果超级好！本案例的方法和思路启示我们，敏感源才是静电放电设计整改的焦点，寻根究源，直达病灶往往出奇效！

3.12 某产品通过在LDO输入加滤波电容解决静电放电问题案例

1．问题描述

某测量仪按照 IEC 60601-1-2:2014 标准进行静电放电测试。当对液晶屏进行 +10kV 静电放电测试时，测量仪伴随蜂鸣器响声报警关机，试验不通过。

2．故障诊断

测量仪为小型内置电源的塑料外壳设备，主要由塑料外壳、显示屏、主板、底板、金属纽扣锂电池等组成，产品内部基本结构如图 3.12.1 所示。

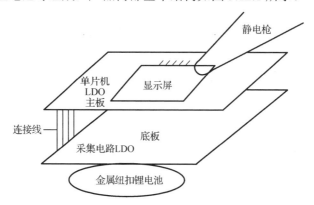

图 3.12.1　测量仪产品内部基本结构

从图 3.12.1 可以看出，金属纽扣锂电池安装在底板，通过底板和连接线为主板供电，其中一路线缆给主板单片机 LDO（低压差线性稳压器）供电。单片机一直处于开机状态，无操作数秒后自动进入低功耗状态，按下按键可唤醒测量仪。另一路线缆给底板采集电路 LDO，单片机通过控制 MOS 管的通断控制是否为采集电路 LDO 供电。

当对液晶屏进行+10kV 静电放电测试时，测量仪伴随"滴滴"的响声关机，"滴滴"响声判断为低电量报警，出现低电量报警并关机可能是电池供电量变低，用万用表测量金属纽扣锂电池电压为 2.8V 左右并且电池伴有微热，而未出问题时测量该电池电压为 3.8V。分析电路图，有两方面原因可能导致该电池电压降低，一是静电造成其出现异常输出而使电压变低；二是静电导致电路板中某个器件短路或击穿，造成电池过载并拉低电压。

取下金属纽扣锂电池带上模拟负载，对电池进行接触放电测试，此时未出现电池电压降低的情况，因此怀疑电路板中某个器件短路或者击穿。由于电池电压被拉低，电路中各部分供电电压已经不正常，因此通过测量各部分电路电压很难判断到底是哪个芯片出了问题。考虑到芯片短路或者击穿会造成芯片发热，用手触摸底板发现 LDO 发烫，因此判定底板的采集电路 LDO 出现问题，经测量后确认 LDO 损坏。

3. 原因分析

当用高压静电枪对屏幕放电时，静电电流主要通过两个路径泄放到大地，一部分静电电流先通过主板与底板的寄生电容进入底板，再通过底板与水平耦合板的寄生电容进入大地，另一部分静电电流通过主板与底板连接线进入底板，静电电流泄放路径如图 3.12.2 所示。

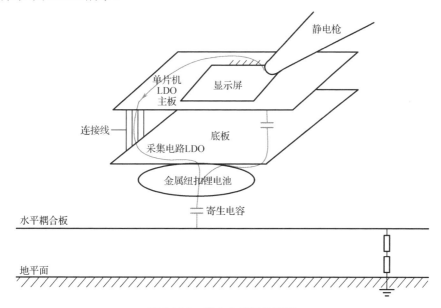

图 3.12.2　静电电流泄放路径

查看原理图，主板的 LDO 输入/输出端均有滤波电容，而底板的 LDO 输出端有滤波电容，但输入端无滤波电容，如图 3.12.3 所示。

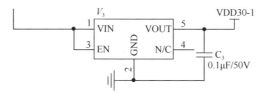

图 3.12.3　底板 LDO 输入/输出端滤波电容

底板 LDO 输入端无滤波电容，那么在进行静电放电测试时静电电流流入 LDO 可能导致其损坏。

4. 整改措施

在底板 LDO 输入端增加 0.1μF 的滤波电容，如图 3.12.4 所示。

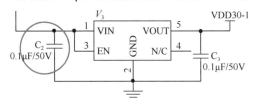

图 3.12.4　底板 LDO 输入端增加 0.1μF 滤波电容

5. 实践结果

根据以上方案整改之后，整机顺利通过了 ±15kV 空气放电测试，问题得到解决。

【岛主点评】

　　LDO 在静电放电测试中经常容易损坏，因此在电路设计阶段就需要考虑其抗扰度设计，比如，参照厂家推荐的典型电路设计原理图、PCB、接地等，稍有疏忽可能面临很大的静电放电风险。本案例静电放电问题导致 LDO 失效短路，经过缜密的诊断和分析，通过在 LDO 电源输入端增加滤波电容成功化解。本案例的方法和思路启示我们，LDO 是静电放电敏感器件，在产品硬件设计阶段就需要"未雨绸缪"加强滤波防护等，防患于未然。

3.13 某产品修改检测信号高低电平解决静电放电问题案例

1. 问题描述

某产品进行接触放电±4kV、空气放电±6kV 测试时，出现电机控制系统过流保护、电机停转等现象，系统不能自动恢复，试验不通过。

2. 故障诊断

产品过流保护控制流程如图 3.13.1 所示。

图 3.13.1　产品过流保护控制流程

根据产品过流保护控制流程，运放采样电路对左右霍尔驱动电路 S 极 SENSE 电阻两端进行电流采样；当流过 MOS 管 SENSE 电阻的电流超过设置的过流保护点时，运放给 MCU（微控制单元）控制电路发送高电平；MCU 收到高电平判断出现电机过流，然后给霍尔驱动电路发送信号，关闭霍尔驱动电路，电机停转直到过流解除，MCU 重新发送信号开启霍尔驱动电路，电机恢复转动。

根据以上分析，出现误触发的原因主要有：霍尔驱动电路 MOS 管的运放输入小信号电流采样、过流点设置问题，运放输出到 MCU 的检测信号受到静电干扰，MCU 本体受到静电干扰。

运放输入小信号电流采样，首先 PCB 布线未采用差分信号布线的方式，增加跳线模拟 PCB 差分信号布线；其次考虑到 PCB 布线时，运放芯片距离霍尔驱动电路 MOS 管 SENSE 电阻布线较远，手动飞线将运放芯片靠近霍尔驱动电路 MOS 管 SENSE 电阻放置；最后调整运放输入小信号 RC 滤波元件参数，通以上三种措施验证，过流保护误触发现象无改善。

运放输出到 MCU 的检测信号，无过流保护时输入置低，有过流保护时输入置高，即 MCU 检测到高电平时判断出现过流现象，启动保护机制。调整运放输出到 MCU 检测信号上的滤波电容，将其值增大为 1μF，此时过流保护误触发现象会消失，如图 3.13.2 所示（本图为软件导出图，未进行标准化处理）。

断开运放输出到 MCU 的检测信号，软件判断逻辑维持不变，过流保护误触发现象消失，因此确认是运放输出到 MCU 的检测信号受到静电干扰。

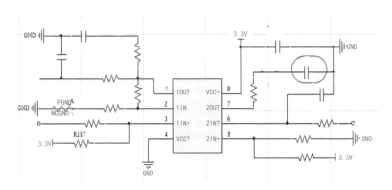

图 3.13.2　运放输出滤波电容增大

3．原因分析

　　硬件上再次断开运放输出到 MCU 的检测信号，软件判断逻辑维持不变，此时过流保护误触发现象消失，再次确认是运放输出到 MCU 的检测信号受到干扰。

　　静电放电时，具有很强的瞬态电磁场干扰。根据 GPIO（通用输入/输出）控制信号电路设计的形式，由于 GPIO 控制信号环路面积的控制很容易在设计时被忽略，而其恰恰是静电放电过程中电磁场耦合的薄弱点，如图 3.13.3 所示。

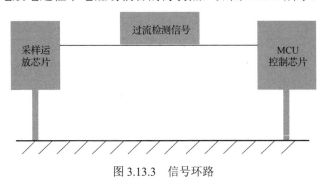

图 3.13.3　信号环路

　　静电干扰通过空间电磁场耦合到运放输出线，从而进入 MCU 芯片内部，引起 MCU 芯片判断错误并发出错误的控制指令。

4．整改措施

　　考虑到运放输出到 MCU 的检测信号正常情况是低电平，出现过流保护时为高电平；静电放电时地电位波动很容易引起检测信号电平跟着波动，从而由低电平波动到高电平，引起系统的误触发操作，因此在硬件和软件上分别做以下改动。

　　硬件修改试验：修改运放输出配置，将 MCU 检测信号改为正常是高电平，出现过流保护时为低电平。

软件配合修改试验：修改软件配置，将 MCU 检测信号设置为低电平有效，即低电平时判断为系统出现过流保护现象。

5. 实践结果

根据以上方案整改之后，整机顺利通过了接触放电±6kV、空气放电±8kV 测试。

【岛主点评】

电路中的"地"，非常魔幻，设计师做设计时往往期望"风平浪静"，但在实际电路工作中却是"波涛汹涌"，而进行 EMC 试验时，更是"惊涛骇浪"！何故？参考基准电平变了！本案例静电放电问题导致产品过流，经过缜密的诊断和分析，是试验时的电平波动而导致检测信号受到干扰所致，整改时通过将运放输出设置为高电平，MCU 过流保护设置为低电平成功化解。本案例的方法和思路启示我们，"地"是电路的基准电平，地电位越平稳则 EMC 风险越小。正所谓得"地"者得天下，失"地"者失天下。

3.14 某产品通过敏感电路模块屏蔽解决静电放电问题案例

1. 问题描述

某工业显示屏在进行静电放电测试时，对网口、USB 接口、串口进行±6kV 接触放电测试，每次试验系统液晶屏均出现蓝屏现象，系统死机，重新上电后可以恢复，试验不通过。

本问题已经出现半年，期间客户公司内部以及方案公司进行过 4 次改板，投入了大量人力物力仍未解决。

2. 故障诊断

考虑到历次改板分别从接地、滤波、隔离等方面对单板进行了设计整改，均未改善，怀疑单板有静电放电薄弱点，因此本次确定采用从敏感源入手的诊断和整改方案，争取从源头彻底解决问题。

根据试验现象分析，判断为 CPU 功能单元受到干扰，分析核心子板（CPU 模块电路）引脚各信号，从实践经验、信号功能等角度分析，判断表 3.14.1 罗列的信号比较敏感，易受静电干扰。

表 3.14.1　易受静电干扰的敏感信号

序　号	网络名称	信号功能	对 ESD 敏感
1	LCD_HSYNC	液晶屏行同步信号	是
2	LCD_VSYNC	液晶屏场同步信号	是
3	I²C_SDA	I²C 总线双向数据信号	是
4	I²C_CLK	I²C 总线时钟信号	是
5	LCD_EN	液晶屏使能信号	是
6	LCD_CLK	液晶屏时钟信号	是
7	VCC_3V3_MPU	MPU 单元 3.3V 电源	是
8	eDP_RESET	eDP 接口复位信号	是

将静电枪电压分别调至 100V、300V、600V 和 1000V，分别对表 3.14.1 所示的信号对应的核心子板引脚做接触放电测试，查找静电放电敏感信号，如图 3.14.1 所示。

试验中问题没有复现，因此排除这些信号产生的问题，静电放电敏感信号验证结果见表 3.14.2。

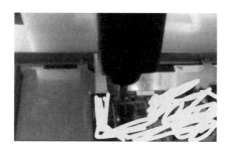

图 3.14.1　引脚接触放电测试

表 3.14.2　静电放电敏感信号验证结果

序号	网络名称	100V	300V	600V	1000V
1	LCD_HSYNC	正常	正常	正常	正常
2	LCD_VSYNC	正常	正常	正常	正常
3	I^2C_SDA	正常	正常	正常	正常
4	I^2C_CLK	正常	正常	正常	正常
5	LCD_EN	正常	正常	正常	正常
6	LCD_CLK	正常	正常	正常	正常
7	VCC_3V3_MPU	正常	正常	正常	正常
8	eDP_RESET	正常	正常	正常	正常

继续分析核心子板上的敏感电路,当对敏感信号 DDR_CLK 100V 做接触放电测试时问题复现,且每次测试问题都可以复现。

DDR_CLK 布线 4mil(0.1016mm),且布线未预留焊盘,整改手段有限,为了确定静电辐射电磁场对 DDR_CLK 信号有无影响,则使用 1 根金属接地线,放在 DDR_CLK 线正上方,用静电枪接触打(即接触放电)接地线铜鼻子,如图 3.14.2 所示。

图 3.14.2　用静电枪接触打接地线铜鼻子

按图 3.14.3 所示的方法，施加 6kV 接触放电时，测试中问题都能复现，因此确认静电辐射电磁场对 DDR_CLK 信号和模块有影响，此时使用铜箔将核心子板模块区域屏蔽并接地，保护敏感的 DDR_CLK 信号和模块，如图 3.14.3 所示。

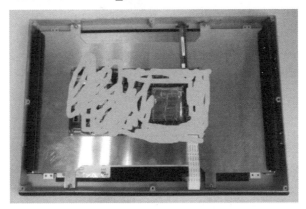

图 3.14.3　核心子板模块屏蔽

将核心子板模块区域屏蔽后，对 I/O 接口分别进行接触放电±6kV、±8kV、±10kV 测试，每次连续 40 次放电，系统均运行正常，问题得到解决，因此确定为核心子板受静电干扰导致整机死机。

3. 原因分析

继续验证确定整机静电干扰来自辐射耦合还是电容性耦合，经分析，系统静电电流泄放途径为 I/O 接口—单板 PGND（保护地）—金属衬板—金属机箱—机箱盖板—接地线，如图 3.14.4 所示。

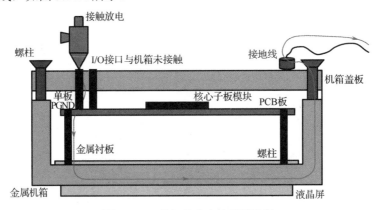

图 3.14.4　整机静电电流泄放途径

当机箱盖板与金属机箱之间不拧螺丝时或者机箱盖板不盖时，未发现静电放电问题，因此排除辐射耦合，那么此时静电电流泄放途径为 I/O 接口—单板 PGND—

金属衬板—金属机箱，则相当于核心子板敏感部位与机箱盖板无电容性耦合（两者距离很近），如图 3.14.5 所示。

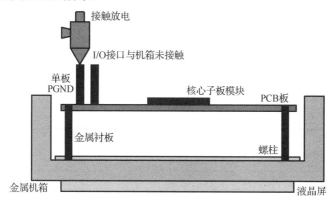

图 3.14.5　去掉机箱盖板整机静电泄放途径

综上，整机核心子板静电耦合简易模型如图 3.14.6 所示。

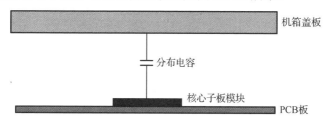

图 3.14.6　整机核心子板静电耦合简易模型

诊断时，核心子板加屏蔽罩后，此时静电耦合模型如图 3.14.7 所示。

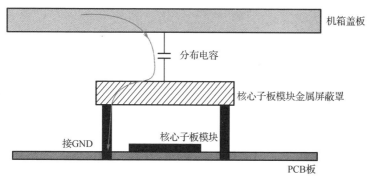

图 3.14.7　核心子板静电耦合模型

从图 3.14.7 可以看出，核心子板模块加金属屏蔽罩后，机箱盖板静电能量直接耦合到金属屏蔽罩并通过金属屏蔽罩接地引脚到 GND，从而避免静电放电直接耦合到敏感的 DDR_CLK 模块，问题得以解决。因此根据以上分析可知，是机箱盖板静电干扰电容性耦合至 DDR_CLK 模块电路导致了静电放电问题。

4. 整改措施

因核心子板是客户公司平台化产品，DDR_CLK 模块电路又极其敏感，推荐主板采用金属屏蔽罩屏蔽敏感核心子板模块的方案量产，本方案简单易行，每块板成本增加不到 0.5 元，效果可靠。最后经与客户沟通，目前主板上空间充足，本方案可量产，核心子板金属屏蔽罩如图 3.14.8 所示。

图 3.14.8　核心子板金属屏蔽罩

5. 实践结果

改板后再次进行静电放电测试，此后系统死机问题再未复现，试验通过。

【岛主点评】

在进行静电放电试验时，工程师经常碰到即便做了无数次 PCB 改板，但对问题的解决仍徒劳无功的情况。何故？因为电路中有对静电放电极其敏感的薄弱点，不攻要害，何来"征服"！本案例产品静电放电问题，经过缜密的诊断和分析首先确定了敏感源和耦合途径，然后通过对敏感源屏蔽成功化解。本案例的整改方法和思路启示我们，"打蛇打七寸""擒贼先擒王"，不出手则已，出手则要直击要害！

3.15　某产品通过更换接口驱动芯片解决静电放电问题案例

1．问题描述

某医疗产品要求通过接触放电±6kV、空气放电±8kV 静电放电测试。在实验室测试时，当对 I/O 接口仅施加接触放电±2kV、空气放电±4kV 时，触摸屏就出现了闪屏和重启，试验不通过。

2．故障诊断

产品为塑料机壳，分别对电源接口、VGA 接口、RS232 接口、LAN 接口、USB 接口反复做静电试验验证，发现对静电最为敏感的是 USB 接口。查看整机内部结构，如图 3.15.1 所示。

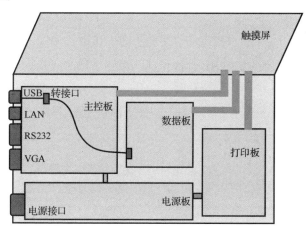

图 3.15.1　整机内部结构

从图 3.15.1 可以看出，USB 接口信号进入主控板后通过主控板上转接口和排线进入数据板。根据静电放电试验现象分析，正是由于数据板的数据无法上传给触摸屏，从而导致主控板复位触摸屏失效，因此确认 USB 接口耦合的静电经排线进入数据板产生电磁干扰。

3．原因分析

产品 USB 接口电路如图 3.15.2 所示（该图是软件导出图，未进行标准化处理）。

从图 3.15.2 可以看出，USB 数据线并联 TVS 防护，同时串有限流电阻，USB 电源线串有磁珠和电容滤波。将 USB 数据线限流电阻换成信号口共模电感，USB 电源并联 TVS，同时 USB 排线加扁平磁环等，经过以上验证后无任何改善，因此怀疑 USB 驱动芯片对静电放电敏感。

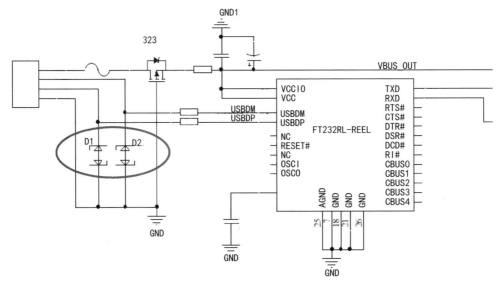

图 3.15.2　产品 USB 接口电路

查看 USB 驱动芯片 FT232RL 性能指标，如图 3.15.3 所示。

Page 2

1. Features

1.1 Hardware Features

- Single chip USB to asynchronous serial data transfer interface.
- Entire USB protocol handled on the chip - No USB-specific firmware programming required.
- UART interface support for 7 or 8 data bits, 1 or 2 stop bits and odd / even / mark / space / no parity.
- Fully assisted hardware or X-On / X-Off software handshaking.
- Data transfer rates from 300 baud to 3 Megabaud (RS422 / RS485 and at TTL levels) and 300 baud to 1 Megabaud (RS232).
- 256 byte receive buffer and 128 byte transmit buffer utilising buffer smoothing technology to allow for high data throughput.
- FTDI's royalty-free VCP and D2XX drivers eliminate the requirement for USB driver development in most cases.
- In-built support for event characters and line break condition.
- New USB FTDIChip-ID™ feature.
- New configurable CBUS I/O pins.
- Auto transmit buffer control for RS485 applications.
- Transmit and receive LED drive signals.
- New 48MHz, 24MHz,12MHz, and 6MHz clock output signal Options for driving external MCU or FPGA.
- FIFO receive and transmit buffers for high data throughput.
- Adjustable receive buffer timeout.
- Synchronous and asynchronous bit bang mode interface options with RD# and WR# strobes.
- New CBUS bit bang mode option.

- Integrated 1024 Bit internal EEPROM for storing USB VID, PID, serial number and product description strings, and CBUS I/O configuration.
- Device supplied preprogrammed with unique USB serial number.
- Support for USB suspend and resume.
- Support for bus powered, self powered, and high-power bus powered USB configurations.
- Integrated 3.3V level converter for USB I/O.
- Integrated level converter on UART and CBUS for interfacing to 5V - 1.8V Logic.
- True 5V / 3.3V / 2.8V / 1.8V CMOS drive output and TTL input.
- High I/O pin output drive option.
- Integrated USB resistors.
- Integrated power-on-reset circuit.
- Fully integrated clock - no external crystal, oscillator, or resonator required.
- Fully integrated AVCC supply filtering - No separate AVCC pin and no external R-C filter required.
- UART signal inversion option.
- USB bulk transfer mode.
- 3.3V to 5.25V Single Supply Operation.
- Low operating and USB suspend current.
- Low USB bandwidth consumption.
- UHCI / OHCI / EHCI host controller compatible
- USB 2.0 Full Speed compatible.
- -40°C to 85°C extended operating temperature range.
- Available in compact Pb-free 28 Pin SSOP and QFN-32 packages (both RoHS compliant).

图 3.15.3　USB 驱动芯片 FT232RL 性能指标

从 USB 驱动芯片 FT232RL 性能指标可以看出，其无抗静电干扰能力。

4．整改措施

选择具有静电防护能力的 PL2303EA 接口驱动芯片，其静电放电性能指标如图 3.15.4 所示。

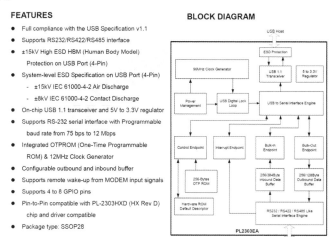

FEATURES

- Full compliance with the USB Specification v1.1
- Supports RS232/RS422/RS485 interface
- ±15kV High ESD HBM (Human Body Model) Protection on USB Port (4-Pin)
- System-level ESD Specification on USB Port (4-Pin)
    - ±15kV IEC 61000-4-2 Air Discharge
    - ±8kV IEC 61000-4-2 Contact Discharge
- On-chip USB 1.1 transceiver and 5V to 3.3V regulator
- Supports RS-232 serial interface with Programmable baud rate from 75 bps to 12 Mbps
- Integrated OTPROM (One-Time Programmable ROM) & 12MHz Clock Generator
- Configurable outbound and inbound buffer
- Supports remote wake-up from MODEM input signals
- Supports 4 to 8 GPIO pins
- Pin-to-Pin compatible with PL-2303HXD (HX Rev D) chip and driver compatible
- Package type: SSOP28

BLOCK DIAGRAM

图 3.15.4　USB 驱动芯片 PL2303EA 性能指标

从图 3.15.4 可以看出，新选型的 USB 接口驱动芯片与原接口芯片相比，前者具有抗静电干扰能力。将 USB 接口驱动芯片更换为相同功能、相同封装但具有抗静电干扰能力的 PL2303EA，更改后的 USB 接口驱动电路图如图 3.15.5 所示（该图是软件导出图，未进行标准化处理）。

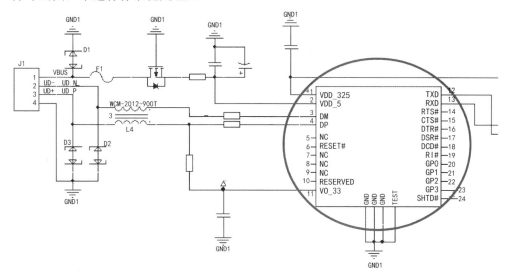

图 3.15.5　更改后的 USB 接口驱动电路图

5. 实践结果

更换 USB 接口驱动芯片后，直接对设备进行接触放电±6kV、空气放电±8kV 静电放电测试，触摸屏功能正常，试验通过。

【岛主点评】

芯片作为硬件产品的大脑，它的 EMC 设计是未来趋势，从芯片入手解决 EMI 和 EMS 问题才是根本！但实际中，由于工程师极少因为怀疑芯片的 EMC 问题而特意做芯片的选型，导致走了很多弯路。本案例某产品发生静电放电问题，经过缜密的诊断和分析，为接口驱动芯片无抗静电干扰能力所致，整改时选用具有抗静电干扰能力的接口驱动芯片后成功化解。本案例的方法和思路启示我们，在进行产品设计时，不要舍本逐末，捡了芝麻丢了西瓜，建议在器件选型特别是芯片选型上做足功课，提前规避 EMC 风险。

某产品通过修改中断信号检测机制解决静电放电问题案例

1．问题描述

某产品在进行静电放电测试时，接触放电±4kV、空气放电±6kV 测试中出现系统自动中断现象，软件自动重启，不符合静电放电测试标准要求，试验不通过。

2．故障诊断

根据试验现象，由于问题表现为系统自动中断后，软件自动重启，将触摸控制 IC 芯片 PIN28 引脚与 MCU 控制芯片之间的中断控制信号 T_INT 在靠近 MCU 控制芯片引脚端割断（即割断 T_INT 中断控制信号 PCB 布线），如图 3.16.1 所示。

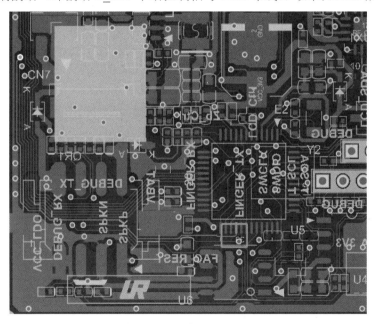

图 3.16.1　割断 T_INT 中断控制信号 PCB 布线

如图 3.16.1 所示，在靠近 MCU 控制芯片引脚端割断 T_INT 中断控制信号 PCB 布线，前面的静电放电问题现象依旧存在。与软件工程师沟通，系统共有 5 个中断控制信号，因此关闭软件中所有的中断功能，此时发现静电放电问题消失，说明是中断控制信号误动作导致的软件自动重启。

逐个关闭中断控制信号，确认具体是哪个中断控制信号异常，导致了软件自动重启。试验过程中，确认只要关闭触摸按键芯片 U3 对应的中断控制信号（T_INT），故障就可消失，如表 3.16.1 所示。

表 3.16.1　中断控制信号

序　号	MCU PIN	网　络　名	模　　块	结　　果
1	PIN28	T_INT	触摸 IC	NG
2	PIN37	NFC_WKUP	NFC	OK
3	PIN15	Finger_WKUP	电机	OK
4	PIN33	HAL_OUT	霍尔传感器	OK
5	PIN11	B_Detect	外部检测	OK

经过以上诊断，确认问题出在 T_INT 中断控制信号上。

3．原因分析

从硬件上将 T_INT 中断控制信号 PCB 布线割断，静电放电现象依然存在；而从软件上将 T_INT 中断控制信号关闭则静电放电现象消失，说明干扰不是通过 T_INT 中断控制信号 PCB 布线耦合到 MCU 控制芯片内部的。

由于耦合放电方式都会出现系统中断的问题，耦合放电的主要干扰形式是电场辐射、磁场辐射、电磁场辐射，其中以电场辐射形式为主。

理论上讲，高阻抗信号容易耦合电场辐射干扰，低阻抗信号则容易耦合磁场辐射干扰。T_INT 中断控制信号对应 MCU 控制芯片 GPIO 接口（可编译输入/输出接口），即由软件根据功能定义设置其状态：定义为低阻抗时通常是输出接口，定义为高阻抗时通常是输入接口。

与软件工程师沟通 MCU T_INT 信号软件功能定义，得知软件为了更准确地检测 T_INT 中断控制信号，采用了侦测 T_INT 中断控制信号上升沿与下降沿的方式，即 MCU T_INT 信号引脚定义高阻抗状态。那么静电放电时产生的电场干扰，先通过 MCU 控制芯片其他信号引脚进入 MCU 控制芯片内部，再串扰耦合到 MCU T_INT 信号引脚，MCU 控制芯片侦测到 T_INT 信号引脚状态异常，误判断外部设备出现异常中断，系统执行自动重启动作。

4．整改措施

与软件工程师沟通，修改软件，将 T_INT 中断控制信号的检测机制由检测上升沿与下降沿改为只检测下降沿，即将 MCU PIN28 信号引脚的功能定义为低阻抗状态。

5．实践结果

根据以上方案整改之后，整机顺利通过了接触放电±8kV、空气放电±15kV 测试，问题得以解决。

【岛主点评】

在进行产品抗扰度设计时，中断控制信号是敏感信号，容易受电磁干扰影响，从而使得系统运行产生中断，因此中断控制信号的 EMC 设计是重中之重。本案例静电放电问题导致系统产生中断，经过缜密的诊断和分析，为中断信号耦合电场辐射干扰导致，后通过修改软件，改变中断控制信号检测机制后成功化解。本案例的方法和思路启示我们，中断控制信号是 EMC 里面的关键信号，设计时需要重点识别，优先将中断控制信号 EMC 设计好，只有抓住事物的主要矛盾才能不战而屈人之兵。

第4章 雷击浪涌案例

4.1 某产品通过保险管选型解决雷击浪涌故障案例

1. 问题描述

某医疗产品在正常工作状态下，当对交流电源线进行线-线±1kV/2Ω、线-地±2kV/12Ω雷击浪涌试验时，产品会自动关机。尝试重新上电后仍然不能开机，试验不通过。

2. 故障诊断

打开产品机壳，使用万用表测量电源电路，发现陶瓷保险管 RO54-1A 断路。更换保险管后开机正常，确认雷击浪涌损坏的是保险管（见图 4.1.1）。

图 4.1.1 雷击浪涌损坏的保险管

3. 原因分析

熔丝管俗称保险管，是保证电路安全运行的元件。正常情况下保险管在开关电源中起到连接输入电路的作用，一旦电路发生过载或短路故障，通过保险管的电流超过熔断电流，熔丝就会被熔断，将输入电路切断，从而起到过电流保护的作用。

对于需要做雷击浪涌试验的产品，保险管应用在防护电路之前，此时保险管需要承受瞬态脉冲电流。因为雷击浪涌电流或者冲击电流峰值很大，普通的保险管承受不了这种电流，所以通常选择防雷慢熔断保险管。如果使用普通保险管，电路可能无法正常开机。如果换成大规格电流保险管，当电路中出现过载电流时，又无法起到保护作用，而防雷慢熔断保险管能承受瞬态脉冲电流，从而保证设备的正常运作。

从技术层面上来说，防雷慢熔断保险管因为具有较大的公称熔化热能值 I^2T，其熔断所需要的能量较大，因此承受瞬态脉冲电流的能力强。公称熔化热能值（I^2T）表征保险管承受瞬态干扰（短时大电流的脉冲）的能力，其值越大，保险管抗瞬态干扰能力越强。所以，对于既要考虑电路安全，又要进行雷击浪涌试验的保险管，其选型就要兼顾以上两种情况，否则必然产生风险。经与开发工程师沟通，得知产品在设计之初保险管选型时未考虑防雷特性，查看产品规格书也无 I^2T 指标，见表 4.1.1。

表 4.1.1　保险管选型时未考虑防雷公称熔化热能值

熔断器型号		额定电压	额定电流	外形尺寸/mm	
普通	快速	/V	/A	ΦD	L
R054	RS54	250/500	0.5～25	Φ5	20
R055	RS55	250/500	0.5～25	Φ5	25
R057	RS57	250/500	0.5～30	Φ6	25
R058	RS58	250/500	0.5～30	Φ6	30
R014	RS14	380/500	0.5～32	Φ8.5	31.5
R015	RS15	380/500	0.5～40	Φ10.3	38
R016	RS16	380/500	1～63	Φ14	51
R017	RS17	380/500	10～125	Φ22	58
R018	RS18	380/500	32～225	Φ27	60
R019	RS19	380/500	32～125	Φ20.5	76
RL98-16	—	500	1～25	Φ8.5	31.5
RL98-32	—	500	2～32	Φ10.3	38

从表 4.1.1 可以看出，保险管选型时未考虑防雷特性——公称熔化热能值，因此确认保险管不满足抗瞬态干扰能力要求而导致其在雷击浪涌试验中熔断。

4．整改措施

根据以上分析，电路中保险管的选型需要考虑公称熔化热能值，避免普通保险管在雷击浪涌试验时熔断。针对不同的瞬态雷击浪涌脉冲波形，IEC 标准规定的公称熔化热能值计算方式见表 4.1.2。

表 4.1.2　瞬态波形 I^2T 计算方式

波形	I^2T 值计算公式	波形	I^2T 值计算公式
矩形波	$i_a^2 t_a$	正弦波	$(1/2)i_a^2 t_a$
梯形波	$(1/3)(i_a^2+i_a i_b+i_b^2)t_a$	变形波 或	$(1/5)i_a^2 t_a$
三角形波	$(1/3)i_a^2 t_a$	充、放电波	$(1/2)i_a^2 t_a$

测试的雷击浪涌短路电流波形如图 4.1.2 所示。

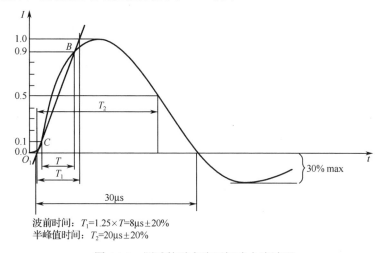

波前时间：$T_1=1.25\times T=8\mu s\pm20\%$
半峰值时间：$T_2=20\mu s\pm20\%$

图 4.1.2　测试的雷击浪涌短路电流波形

从图 4.1.2 可以看出，雷击浪涌短路电流波形（8/20μs）公称熔化热能值可以近似等效用三角波能量计算。本案例产品雷击浪涌线-线试验电压为 1kV，发生器内阻为 2Ω，此时短路电流为

$$1kV/2\Omega=500A$$
$$公称熔化热能值=(1/3)I^2T$$

式中，$T\approx30\mu s$，则选用的保险管公称熔化热能值 $\geq(1/3)I^2T=(1/3)\times500^2\times30\times10^{-6}=2.5$（$A^2s$）

考虑到降额，保险管公称熔化热能值选择时应为计算值的 2 倍以上。

选择与原保险管同尺寸、公称电流一致的某一品牌保险管，其公称熔化热能值为 6.557，大于雷击浪涌试验要求的最低公称熔化热能值 5，见表 4.1.3。

表 4.1.3　新选型的保险管公称熔化热能值

额定电流	公称冷态电阻/Ω	公称融化热能值	额定电流	公称冷态电阻/Ω	公称融化热能值
500mA	0.1593～0.2959	0.7290	5A	0.0095～0.0176	166.77
600mA	0.0974～0.1810	1.6880	6.3A	0.0074～0.0137	198.48
800mA	0.0826～0.1534	2.3040	8A	0.0047～0.0088	230.19
1A	0.0511～0.0949	6.5570	10A	0.0035～0.0065	377.77
1.25A	0.0441～0.0819	7.8123	12A	0.0024～0.0044	848.88
1.6A	0.0420～0.0780	8.9600	15A	0.0022～0.0044	900.32
2A	0.0349～0.0649	18.576	16A	0.0021～0.0039	1086.6
2.5A	0.0269～0.0499	29.070	20A	0.0016～0.0030	1687.0
3.15A	0.0203～0.0377	39.564	25A	0.0013～0.0023	4121.4
4A	0.0130～0.0242	97.920	—	—	—

从表 4.1.3 中可以看出，公称熔化热能值为 6 以上，因此满足雷击浪涌试验要求。

5. 实践结果

将新选型的保险管安装在产品上，此时电源线进行线-线±1kV/2Ω、线-地±2kV/12Ω雷击浪涌试验各 5 次，产品工作正常，关机现象未再出现，试验顺利通过。

【岛主点评】

与其他 EMC 试验相比，雷击浪涌试验有些特别，它是具有特殊电压、特殊电流、特殊故障的特殊试验，然而，很多工程师却不明白这个道理，受其他试验的固化思维影响而不了解雷击浪涌的特殊之处，导致设计整改时顾此失彼，出现问题。本案例雷击浪涌试验中保险管损坏，是因为，在进行雷击浪涌设计时未关注保险管承受瞬态干扰的能力。整改时通过重新选型保险管成功化解问题！一招不慎，满盘皆输，本案例的整改方法和思路启示我们，在进行防雷击浪涌设计时，需要认识到它的特殊之处，只有知己知彼，才能百战不殆。

4.2 某产品通过GDT气体放电管续流解决雷击浪涌故障案例

1. 问题描述

某压力传感器产品，要求满足雷击浪涌 8/20μs+1.2/50μs 组合波 1kV/2Ω 测试要求。产品在测试时整机出现异常，试验不通过。

2. 故障诊断

查看产品电源接口雷击浪涌保护电路，如图 4.2.1 所示。

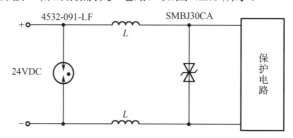

图 4.2.1　电源接口雷击浪涌保护电路

从图 4.2.1 可以看出，产品电源接口有两级雷击浪涌保护电路，初级为气体放电管（GDT），次级为 TVS 瞬态抑制二极管，中间使用两个空心电感退耦。

使用万用表测试电源和地，发现二者之间短路。挨个分析电路保护器件，确认雷击浪涌试验中短路的是气体放电管。更换气体放电管后产品功能恢复正常。使用 X-Ray 检测仪分析损坏的气体放电管异常品以及正常品，分别如图 4.2.2 和图 4.2.3 所示。

图 4.2.2　异常品

图 4.2.3　正常品

对比图 4.2.2 和图 4.2.3 可以看出，雷击浪涌损坏的气体放电管异常品，两个电极连接在了一起，因此确认雷击浪涌试验中气体放电管短路损坏。

3．原因分析

气体放电管是防雷（防雷击浪涌）保护中应用最广泛的一种电路保护器件，其由封装在充满惰性气体的陶瓷管中相隔一定距离的两个电极组成，正常情况下处于断路状态，极间阻抗很高。气体放电管的基本工作原理是气体放电，当两极间的电压足够大时，极间间隙将被放电击穿，由原来的绝缘状态转化为导电状态从而限制了极间的电压，使与气体放电管并联的其他器件得到保护。

正常情况下，当雷击浪涌试验过后，气体放电管正常关断，此时电路将恢复到正常工作状态，但是，当气体放电管两极间电压大于弧光维持电压时，气体放电管将一直维持导通状态而引发电路短路。气体放电管规格参数如图 4.2.4 所示。

DC Breakdown Voltage [1)2) 4)]	100V/s		72～108	V
Impulse Spark-over Voltage[4)]	At 100V/μs	for 99 % of measured values ≤450		V
		Typical values of distribution ≤350		V
	At 1kV/μs	for 99 % of measured values ≤600		V
		Typical values of distribution ≤500		V
Impulse Discharge Current [5)]	8/20μs ±5 times		10,000	A
	10/350μs 1 time		1,000	A
	10/1000μs ±150 times		200	A
AC Discharge Current[5)]	10A，1S		10	Times
Arc Voltage[4)]	At 1A		~10	V
Insulation Resistance[4)]	DC=50V		≥1	GΩ
Capacitance at 1MHz[4)]	VDC=0.5V		≤1.5	pF
Weight			~1.12	g
Operating And Storage Temperature			−40～125	℃

图 4.2.4　气体放电管规格参数截图

从图 4.2.4 可以看出，气体放电管有"弧光电压（Arc Voltage）"这个参数，代表的是气体放电管在雷击浪涌导通之后，如果电路两端有 10V 的维持电压，那么气体放电管响应后将一直导通，不能正常关断。

根据以上分析，本产品电源电压为 24V DC（直流电），因此，使用气体放电管线间直接并联防护时，将出现续流效应，导致电路短路直至烧毁。分别对气体放电管单体和产品进行雷击浪涌试验，如图 4.2.5 所示。

从图 4.2.5 可以看出：当对气体放电管单体做雷击浪涌试验时，气体放电管可以正常关断；而对产品做雷击浪涌试验时，气体放电管会续流短路。这是因为，单体试验时，气体放电管两端无 24V DC 电压。

4. 整改措施

根据前面的试验分析，产生问题的根本原因是气体放电管续流。考虑到产品雷击浪涌试验等级不高，因此，采用 TVS（瞬态抑制二极管）防护方案。TVS 属于钳位型器件，不存在续流效应。整改后防护电路如图 4.2.6 所示。

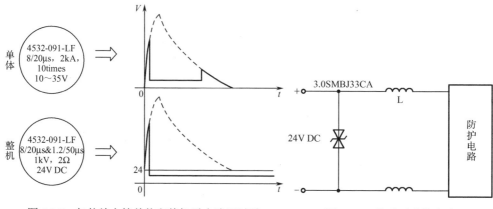

图 4.2.5　气体放电管单体和整机雷击浪涌试验　　　　图 4.2.6　整改后防护电路

从图 4.2.6 可以看出，整改后采用 TVS 防护电路，可以避免在使用气体放电管时因出现续流效应而产生问题。

5. 实践结果

整改后合拢整机，使用 8μs/20μs&1.2μs/50μs 组合波发生器，进行雷击浪涌 1kV/2Ω 试验，产品工作正常，试验顺利通过。

【岛主点评】

乍一看防护电路，寥寥几个器件，极其简单，这样说确实让人无法反驳，但如果门外汉这样认为倒也罢了，EMC 工程师也这样认为就大错特错了。事实上，电路保护设计，难的不是电路的搭建，也不是电路的拓扑，而是器件的选型和试验验证，而器件选型无疑是重中之重。本案例产品在进行雷击浪涌试验时出现问题，诊断为气体放电管续流导致短路，后将气体放电管更换为 TVS 瞬态抑制二极管后成功化解。本案例的整改方法和思路启示我们，防护器件是一类特殊的器件，工程师要努力做到如数家珍，应用时才能有的放矢，否则就容易犯一些让人错愕和捧腹的低级错误。

4.3 某产品通过电路滤波解决雷击浪涌系统复位故障案例

1．问题描述

某产品 AC 220V 电源在进行雷击浪涌±4kV 试验时，每次试验轰鸣器均会产生鸣叫，经测试确认为系统控制 MCU 芯片执行复位，导致轰鸣器产生误动作，试验不通过。

2．故障诊断

产品主控板为单板，AC 220V 电源输入滤波电路如图 4.3.1 所示。

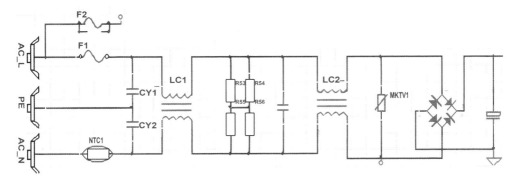

图 4.3.1 AC 220V 电源输入滤波电路

从图 4.3.1 可以看出，电源输入滤波电路前面无雷击浪涌防护电路，滤波电路后面有 1 个压敏电阻进行差模防护，电源输入端 L、N 对地有 2200pF 共模电容防护。

因为产品成本要求严格，另外，单板不能做大的改动，所以，在电源输入滤波电路前面增加雷击浪涌防护电路的方案不可行。考虑到雷击浪涌试验过程中，因高频下寄生电感的作用，极易导致参考地平面电位不相等，造成系统供电电源电压突变，致使其状态异常复位重启，所以进行以下验证：

（1）电源次级+5V、+12V 输出电源增加不同规格的滤波电容，进行雷击浪涌试验，无明显改善；

（2）靠近 MCU 芯片供电电源引脚处增加不同规格的滤波电容，进行雷击浪涌试验，无明显改善；

（3）在 MCU 芯片复位电路供电电源引脚和复位引脚增加不同规格的滤波电容，进行雷击浪涌试验，无明显改善。

经过以上验证，排除供电电源电压突变导致系统复位的可能性。

试验雷击浪涌等级很高，测试时 L、N、PE 线电流环路中电压、电流突变，会形成空间电磁场辐射，当外部端口连接线置于空间电磁场中时，很容易产生感应电动势，从而进入 MCU 芯片造成其误动作，导致系统复位。在满足系统工作最小化模块的条件下，将外部端口连接线全部移除，再进行雷击浪涌试验，系统复位现象消失。产生问题的外部端口如图 4.3.2 所示。

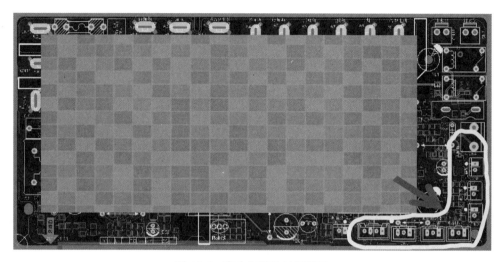

图 4.3.2　产生问题的外部端口

将外部端口连接线逐个恢复，进行雷击浪涌试验，发现水箱控制开关、电机检测、水位传感器、门控开关、显示板接口等均会造成试验中系统复位问题。

3．原因分析

根据 GB/T 17626.5—2019 测试标准给出的开路电压波形以及短路电流波形，其上升沿非常陡峭，意味着测试电压和电流瞬态突变非常剧烈，会产生很强的电场和磁场辐射。那么，置于高频电场的导线很容易产生感应电动势，形成骚扰电压；而置于高频磁场中的信号环路很容易产生感应电流，形成骚扰电流。

外部端口连接线，在因雷击浪涌形成的电磁场环境中，由于其线缆很长，容易耦合电磁干扰。而这些端口又直接连通 MCU 芯片，电磁干扰将直接进入 MCU 芯片，从而导致其复位，如图 4.3.3 所示（该图为软件导出图，未进行标准化处理）。

图 4.3.3 中外部端口输入有对地滤波电容，电容值为 1μF，滤波频率相对较低，考虑到雷击浪涌边沿特性，选择 1μF 电容滤波不太恰当。

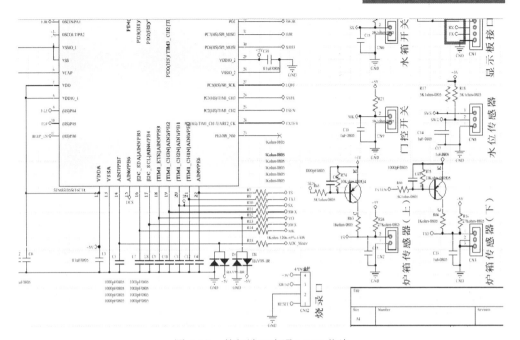

图 4.3.3　外部端口直通 MCU 芯片

4. 整改措施

根据前面的分析，将原理图中外部端口的 6 个滤波电容由 1μF 更改为 0.01μF，如图 4.3.4 所示。

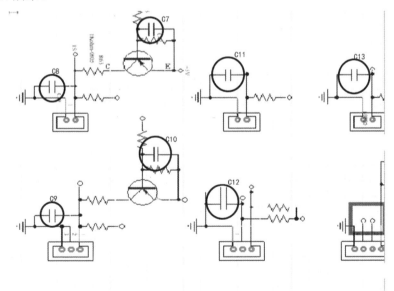

图 4.3.4　外部端口需更改的滤波电容

5. 实践结果

整改后合拢整机，对 AC 220V 电源再次进行雷击浪涌±4kV 试验，此时轰鸣器再未出现鸣叫现象，产品工作正常，试验通过。

【岛主点评】

防雷击浪涌，一定要设计防护电路吗？一定要用气体放电管、压敏电阻、瞬态抑制二极管吗？传统意义上，很多工程师往往容易陷入这个圈套，这样做也可以理解，毕竟，按照试验就是这样设计！本案例要求 AC 220V 电源通过 4kV 雷击浪涌试验。出于产品成本等考虑，端口保护电路仅有线–线间 1 个压敏电阻而产生问题。经过缜密的诊断和分析，使用 6 个 0.01μF 电容成功化解。本案例的方法和思路启示我们，产品防雷击浪涌设计需要综合考虑多方面因素，设计时不能为了防雷而防雷，应放宽眼界，打开思路，想办法解决问题。

4.4　某产品通过TVS瞬态抑制二极管选型解决雷击浪涌故障案例

1. 问题描述

某客户的电源板，供电电源为 AC 24V，需要满足 1.2/50&8/20μs 波形、6kV/3kA 的雷击浪涌试验需求。初步验证方案时，按照 1kV、2kV、4kV、6kV 应力验证，均能满足试验要求，但现场应用一段时间后，返修故障率较高。

2. 故障诊断

查看产品电源接口防护电路，如图 4.4.1 所示。

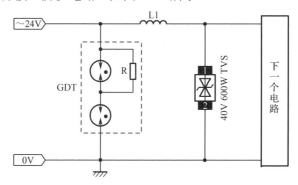

图 4.4.1　电源接口防护电路

从图 4.4.1 可以看出，产品电源接口有两级雷击浪涌防护电路，初级为无续流气体放电管，次级为 TVS 瞬态抑制二极管，中间使用空心电感退耦。

为了找到 TVS 是否存在设计缺陷，单独对设计方案做如下低电压雷击浪涌试验，结果见表 4.4.1。

表 4.4.1　低电压雷击浪涌试验结果

测 试 端 口	防 护 器 件	测 试 项 目	测 试 结 果
AC 24V	GDT+40V 600W TVS	1.2/50&8/20μs DM ±500V 60"±5 次	不通过
AC 24V	GDT+40V 600W TVS	1.2/50&8/20μs DM ±550V 60"±5 次	不通过
AC 24V	GDT+40V 600W TVS	1.2/50&8/20μs DM ±580V 60"±5 次	通过
AC 24V	GDT+40V 600W TVS	1.2/50&8/20μs DM ±600V 60"±5 次	通过
AC 24V	GDT+40V 600W TVS	1.2/50&8/20μs DM ±1kV 60 "±5 次	通过
AC 24V	GDT+40V 600W TVS	1.2/50&8/20μs DM ±2kV 60"±5 次	通过

测 试 端 口	防 护 器 件	测 试 项 目	测试结果
AC 24V	GDT+40V 600W TVS	1.2/50&8/20μs DM ±4kV 60"±5 次	通过
AC 24V	GDT+40V 600W TVS	1.2/50&8/20μs DM ±6kV 60"±5 次	通过

从表 4.4.1 可以看出：当测试电压为 500～550V 时，产品出现故障，经查为 TVS 短路损坏；当雷击浪涌试验电压提升到 580V～6kV 时，设计方案能正常起到防护作用，器件没有损坏，产品工作正常。

3．原因分析

根据试验结果分析，当雷击浪涌电压较高时，电流的上升速率 di/dt 较大，此时退耦电感两端的压降很大，所以气体放电管很快就导通，那么流到后级的雷击浪涌电流较小，后级 TVS 承受的电流也比较小，因此后级 TVS 没有损坏；但是当雷击浪涌电压较低时，电流的上升速率 di/dt 较小，电感两端的压降较小，此时气体放电管可能没有动作，那么雷击浪涌电流将往后级流动，而 600W TVS 通流能力有限，导致 TVS 短路损坏。

综上所述，设计方案存在的问题就是 TVS 的通流能力较小，使用同等体积通流量较大的单体 TVS BV-SMBJ58C2H（TVS 型号）进行验证。单体 TVS 通流测试数据见表 4.4.2。

表 4.4.2　单体 TVS 通流测试数据

防 护 器 件	测 试 项 目	测 试 结 果
BV-SMBJ58C2H	1.2/50&8/20μs DM 300V 2Ω 60"±5 次	通过
BV-SMBJ58C2H	1.2/50&8/20μs DM 500V 2Ω 60"±5 次	通过
BV-SMBJ58C2H	1.2/50&8/20μs DM 1kV 2Ω 60"±5 次	通过

从表 4.4.2 可以看出，BV-SMBJ58C2H 单体具有可以扛住 1kV/500A 的通流能力，因此确认为故障是由 600W TVS 通流能力不足所致。

4．整改措施

根据前面的分析，产生问题的根本原因是气体放电管不动作时，通过 TVS 的雷击浪涌电流过大，因此选用相同封装、功率较大的型号为 BV-SMBJ58C2H 的 TVS 进行整改。整改后防护电路方案如图 4.4.2 所示。

5．实践结果

合拢整机，再次进行试验，此时虽然所选 TVS 比原 TVS 工作电压增大，残压增大，但残压满足后级电路的耐压要求，整改后试验时产品工作正常，试验顺利通过。整改后设备测试数据见表 4.4.3。

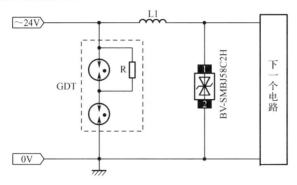

图 4.4.2　电源接口整改后防护电路方案

表 4.4.3　整改后设备测试数据

测试端口	防护器件	测试项目	测试结果
AC 24V	GDT+BV-SMBJ58C2H	1.2/50&8/20μs ±300V 2Ω 60 "±5 次	通过
AC 24V	GDT+BV-SMBJ58C2H	1.2/50&8/20μs ±500V 2Ω 60 "±5 次	通过
AC 24V	GDT+BV-SMBJ58C2H	1.2/50&8/20μs ±1kV 2Ω 60 "±5 次	通过
AC 24V	GDT+BV-SMBJ58C2H	1.2/50&8/20μs ±2kV 2Ω 60 "±5 次	通过
AC 24V	GDT+BV-SMBJ58C2H	1.2/50&8/20μs ±4kV 2Ω 60 "±5 次	通过
AC 24V	GDT+BV-SMBJ58C2H	1.2/50&8/20μs ±6kV 2Ω 60 "±5 次	通过

【岛主点评】

在进行雷击浪涌试验时，工程师往往按照标准的要求，直接测试高压部分作为试验通过与否的依据，低压部分往往不测试。但实际现场应用时，雷击浪涌高电压下产品安然无恙，但雷击浪涌低电压时产品反而频频损坏，这是何故？因为，工程师在设计雷击浪涌防护电路时往往容易忽略方案的盲点。本案例产品雷击浪涌低电压时出现问题，经过缜密的诊断和分析，产品雷击浪涌防护电路设计忽略了方案的盲点，后通过更换功率更大的 TVS 成功化解。本案例的整改方法和思路启示我们，在进行实际雷击浪涌防护电路设计时，要考虑防护电路的盲点，而不是单单看是否满足测试标准的要求，现场应用才是检验真理的唯一标准。

4.5 某产品通过增大防护电路后级电路耐压解决雷击浪涌故障案例

1. 问题描述

某交流电机产品的控制电路板，在做 L-N（火线与零线）差模 1kV 雷击浪涌试验时，开关 MOS 管 Q5 被击穿损坏，试验不通过。

2. 故障诊断

查看电源输入防护电路，L-N 线-线间已有压敏电阻 R_{V1}，从电路上看，该电路不同于开关电源，有大容量的储能电解电容吸收雷击浪涌电压，因此，初步判断上述故障为 Q5 的 D、S 极间瞬时雷击浪涌电压过高，导致了 MOS 管击穿损坏。使用示波器监测 D、S 极间瞬时雷击浪涌电压，为避免损坏示波器，在 L-N 线-线间施加 500V 雷击浪涌干扰信号，结果如图 4.5.1 所示。

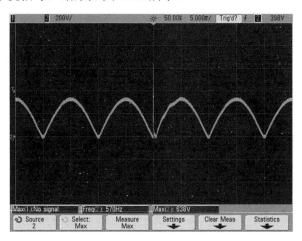

图 4.5.1　D、S 极间瞬时雷击浪涌电压

从图 4.5.1 可以看出，在进行雷击浪涌试验时，D、S 极之间有雷击浪涌尖峰电压，其电压幅度最高为 638V，持续时间约为 13μs，因此确认雷击浪涌电压导致了 MOS 管损坏。

3. 原因分析

查询 MOS 管 SPP11N60C3（产品 MOS 管使用型号）规格书，确认 MOS 管耐压水平。查询后 D、S 极间雪崩击穿电压为 700V，如表 4.5.1 所示。

表 4.5.1　D、S 极间雪崩击穿电压

参　　　数	象　　征	条　　件	标　　准			单位
			分钟	类型	最大值	
D、S 极间击穿电压	V(BR)DSS	V_{Gs}=0V,I_D=0.25mA	600	—	—	V
D、S 极间雪崩击穿电压	V(BR)DS	V_{Gs}=0V,I_D=11A	—	700	—	

那么，根据电路防护原理，接口防护电路输出残压水平要求小于 D、S 极间雪崩击穿电压（700V），以满足后级 MOS 管耐压水平。查询压敏电阻 320E2K1 规格书，其截图如图 4.5.2 所示。

Type SIOV- S14K	V_v (1 mA) [V]	ΔV_v (1 mA) [%]	Max Clamping Voltage		C_{typ} (1 kHz) [pF]	Duty Cycle Surge Rating (8/20 μs)	
			Vc [V]	Ic [A]		3 kA* times	750 A* times
130E2K1	205	±10	340	50	760	40	800
140E2K1	220	±10	360	50	715	40	800
150E2K1	240	±10	395	50	670	40	800
175E2K1	270	±10	455	50	575	40	800
210E2K1	330	±10	545	50	375	40	800
230E2K1	360	±10	595	50	340	40	800
250E2K1	390	±10	650	50	320	40	800
275E2K1	430	±10	710	50	290	40	800
300E2K1	470	±10	775	50	285	40	800
320E2K1	510	±10	840	50	280	40	800
350E2K1	560	±10		50		40	800

图 4.5.2　查询压敏电阻 320E2K1 规格书截图

从图 4.5.2 可以看出，压敏电阻的压敏电压虽是 510V，但它的瞬时最大钳位电压是 840V，此电压超过 MOS 管的耐受电压水平，因此，防护电路残压很大，导致后级电路损坏。

4．整改措施

根据前面的分析，整改思路如下：

（1）减小防护电路残压

钳位电压低于 700V 的，如图 4.5.2 所示，有 250E2K1 压敏电阻，但是其压敏电压只有 390V，显然不适合 220V 的电路，工作电压可能导致压敏电阻导通。

（2）增大后级器件耐压

通过查找 MOS 管 IRFBF20 的规格书，D、S 极间击穿电压为 900V，大于压敏电阻的钳位电压，可以满足要求，如表 4.5.2 所示。

表 4.5.2　MOS 管 IRFBF20 规格书

参　　　数	时间（分钟）	类型	最大值	单位	测试条件
D、S 极间击穿电压	900	—	—	V	V_{Gs}=0V，I_D= 250uA
击穿电压温度系数	—	1.1	—	V/℃	参考温度 25℃，I_D=1mA

综上分析，将 MOS 管 SPP11N60C3 更换为耐压水平更高的 MOS 管 IRFBF20，即可以满足防护电路残压水平。

5. 实践结果

将 MOS 管更换后重新进行 L-N 差模 1kV 雷击浪涌试验，此时产品工作正常，试验通过。

【岛主点评】

产品有雷击浪涌防护电路，就可以高枕无忧万事大吉了吗？非也，"有"不等于"有作用"，其中的门道还有很多，稍有不慎就容易出错。特别是，当防护电路残压大于后级电路耐压的时候，防护也就失去了意义，成为了摆设。本案例产品雷击浪涌试验出现问题，经过缜密的诊断和分析，为防护电路残压超过后级电路耐压所致，后面通过提高后级电路耐压成功化解。本案例的方法和思路启示我们，产品防护电路设计要满足残压小于后级电路耐压，这是保护电路最基本的要求，如若不然，则一切努力和工作都白费。

4.6　某产品通过电源输出端防护设计解决雷击浪涌故障案例

1．问题描述

某医疗手部训练器产品 AC 220V 电源输入接口在做雷击浪涌试验时，试验参数调整到线-线差模±1kV/2Ω 和线-地共模±2kV/12Ω，则手部训练器停止动作，可以自恢复或者需要人为重启后恢复，试验不通过。

2．故障诊断

打开产品机箱壳体，查看产品内部电路，系统由 AC 220V—DC 12V 电源板供电。电源输入电路如图 4.6.1 所示。

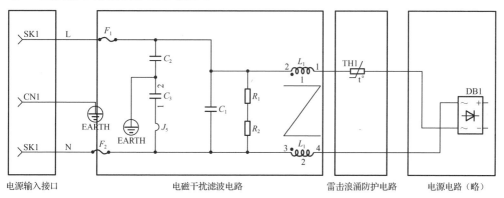

图 4.6.1　电源输入电路

从图 4.6.1 可以看出，电源输入接口直接连到电磁干扰滤波电路，接口无防雷（即防雷击浪涌）设计，电磁干扰滤波电路后的雷击浪涌防护电路中仅用了一个 PTC 热敏电阻，因此，判断电源输入接口雷击浪涌防护电路设计不当导致了问题的出现。

3．原因分析

根据经验，共模 2kV/12Ω 雷击浪涌要求等级较高，通常需要在电源输入接口设计雷击浪涌防护电路进行防护，典型的有压敏电阻（MOV）防护、气体放电管（GDT）防护和瞬态抑制二极管（TVS）防护，确保雷击浪涌干扰不进入产品内部。

本产品电路串联 PTC。通常 PTC 用作防护时，一般和压敏电阻、瞬态抑制二极管配合使用。单独用来 PTC 防雷时存在响应速度慢、防雷等级低等问题，此时注入的雷击浪涌电流经过电源滤波电路，之后残余的雷击浪涌电流流经主板，如图 4.6.2 所示。

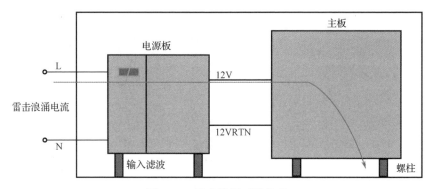

图 4.6.2　雷击浪涌干扰机理

从图 4.6.2 可以看出，雷击浪涌电流注入产品之后，由于无输入接口保护电路，则干扰电流将进入产品内部，从而对产品功能产生影响。

4．整改措施

从以上分析可以看出，注入的雷击浪涌电流流经主板将产生 EMC 风险，因此，需要在电源模块上进行雷击浪涌防护。AC 220V 电源输入接口典型雷击浪涌防护电路如图 4.6.3 所示。

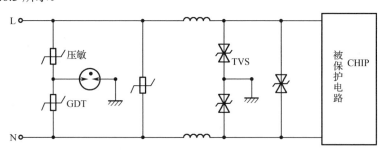

图 4.6.3　AC 220V 电源输入接口典型雷击浪涌防护电路

从图 4.6.3 可以看出，AC 220V 雷击浪涌防护需要 3 个压敏电阻（MOV）、1 个气体放电管（GDT）、2 个空心电感和 3 个瞬态抑制二极管（TVS），一共 9 个器件。假若在电源输入端进行雷击浪涌防护，单板占用空间非常大，单板已成型的情况下以上措施根本无法落实，需要改板。

考虑到雷击浪涌试验后产品可以自恢复或人为重启后恢复，系统无任何器件损坏，因此电源前端可以承受试验产生的雷击浪涌电流和高压，故采用在电源输出端进行雷击浪涌防护的方案，仅需要 3 个 TVS。因为电源输出端电压很低，且雷击浪涌电流经过滤波电路之后能量有所减小，因此，输出端 TVS 封装可以很小，简单易行。

选用的 TVS 型号为 SMBJ15CA，在电源输出端进行雷击浪涌防护。防护方案如

图 4.6.4 所示。

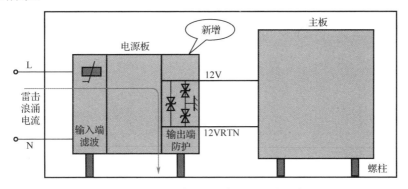

图 4.6.4　电源输出端增加防护电路方案

5. 实践结果

改进后合拢整机，进行线-线 1kV/2Ω 和线-地 2kV/12Ω 雷击浪涌试验，产品工作正常，试验顺利通过。

【岛主点评】

如果没有输入接口防雷设计，产品会怎么样？无疑对于雷击浪涌来说如入"无人之境"，产品只能"被动挨打"，此做法不可取！本案例产品在雷击浪涌试验中出现问题，经过缜密的诊断和分析，为电源输入接口雷击浪涌防护电路设计不当所致，后面通过在电源输出端增加防护电路成功化解。本案例的整改方法和思路启示我们，在进行雷击浪涌设计时，对于需要试验的接口，接口防护不是"有没有"的问题，而是"多与少"的问题。防雷等级要求高，则加强防护，反之，则进行基本防护，不防护则无异于"自寻死路"。

4.7 某产品通过电源芯片反馈信号滤波解决雷击浪涌故障案例

1. 问题描述

某产品在雷击浪涌试验过程中，试验参数调整到共模±4kV 时，视频画面显示 NO SIGNAL，按遥控器 CH+/CH-键切换频道，显示可以恢复，试验不通过。

2. 故障诊断

根据故障现象（视频无信号）初步分析为硅高频头模块电路受到雷击浪涌干扰导致其工作状态异常。使用静电枪对硅高频头芯片引脚进行±2kV 接触放电测试，发现芯片 I^2C 信号极易受到干扰，从而引起视频无信号的问题。对 I^2C 信号引脚加滤波电容、抗静电放电元件、调整串联电阻阻值均无明显改善，初步排除 I^2C 信号的影响。

修改硅高频头芯片复位电路参数，无明显改善。将硅高频头芯片供电电源由 3V3_TUN 改为 3V3_M，如图 4.7.1 所示。

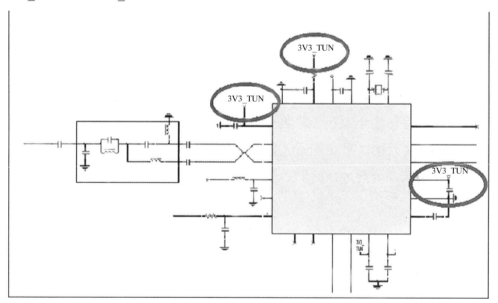

图 4.7.1 硅高频头芯片供电电源

经过以上更改，雷击浪涌试验未发现视频无信号问题。将硅高频头芯片供电电源重新改为 3V3_TUN 时，雷击浪涌试验视频无信号问题复现。综上所述，确认是硅高频头芯片供电电源受到干扰导致了视频无信号问题。

3. 原因分析

产品硅高频头芯片模块供电架构如图 4.7.2 所示。

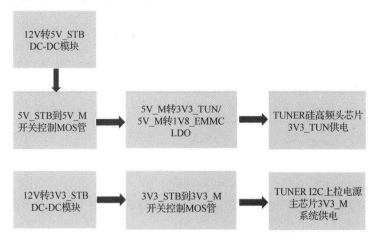

图 4.7.2　产品硅高频头芯片模块供电架构

从图 4.7.2 的模块供电架构可以看出，3V3_M 电源由 12V 电源转 3V3_STB 电源再经 MOS 管开关控制输出，而 3V3_TUN 电源由 12V 电源转 5V_STB 电源再经 MOS 管开关控制输出给 LDO 转换。使用示波器和高压探头，进行雷击浪涌试验时，12V 电源转 5V_STB 电源的 DC-DC 模块输出端电压波形如图 4.7.3 所示。

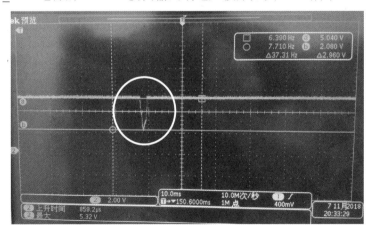

图 4.7.3　DC-DC 模块输出端电压波形

从图 4.7.3 可以看出，12V 电源转 5V_STB 电源的 DC-DC 模块雷击浪涌试验过程中，输出电压跌落到 2V，此时因 LDO 输入电压过低，导致 3V3_TUN 电源输出电压低于硅高频头芯片供电电压，因此芯片出现异常，无法正常工作造成视频无信号输出。

将 12V 电源转 5V_STB 电源的 DC-DC 模块来源由 A 厂更换为 B 厂，此时进行雷击浪涌试验，视频无信号问题消失。对比两个厂家 DC-DC 模块外围电路参数的差异，发现 FB 反馈信号电路参数设计不同。将 A 厂 DC-DC 模块 FB 反馈信号参数修改为与 B 厂的 DC-DC 模块相同，雷击浪涌试验 TV 无信号问题消失。经分析 DC-DC 模块 FB 引脚反馈电压上限为 0.8V，在雷击浪涌试验过程中，当电流流过参考地平面时，引起参考地电压波动。当 FB 反馈信号电压在 0.8V 以上时，芯片会判断输出状态异常而停止输出，因此，确认是 FB 反馈信号受到雷击浪涌干扰。

4. 整改措施

在 DC-DC 模块 FB 反馈信号引脚接地处增加 22pF 电容，对反馈信号耦合的电磁干扰进行滤波，如图 4.7.4 所示（该图为软件导出图，未进行标准化处理）。

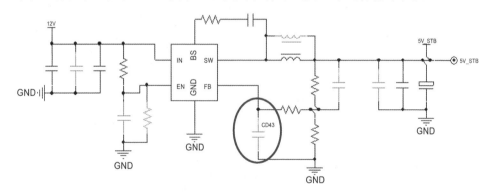

图 4.7.4　DC-DC 模块 FB 反馈信号引脚接地处增加电容

5. 实践结果

改进后合拢整机，使用 1.2/50&8/20μs 组合波发生器，进行 ±4kV 共模雷击浪涌试验，此时产品工作正常，试验顺利通过。

【岛主点评】

在进行雷击浪涌试验或静电放电测试时，经常出现产品工作异常的现象，一查原来是电源芯片输出电压掉电了、中断了，这是怎么回事？其实产生这类问题的原因各种各样，但 FB 反馈信号受干扰必定"榜上有名"。本案例产品在进行雷击浪涌试验时出现问题，经过缜密的诊断和分析，为

DC-DC 模块 FB 反馈信号受干扰导致，后在反馈信号上加滤波电容成功化解！本案例的整改方法和思路启示我们，反馈信号关系到电源芯片输出的稳定，因此在电源设计过程中，需要尽量保证反馈信号的纯净，避免其受干扰而引发电源芯片误动作。

4.8 某产品GPS天馈口雷击浪涌故障整改案例

1. 问题描述

某产品 GPS 天馈口（用来连接天线的接口），在进行雷击浪涌试验时，在共模 3kA@8/20μs 冲击电流下，正向和负向注入每次测试 LDO 芯片均会损坏，产品无法正常工作，试验不通过。

2. 故障诊断

查看发现 GPS 天馈口防护电路从两个方面进行防雷：一个是对射频信号进行防护，另一个是对内馈直流电源进行防护，如图 4.8.1 所示。

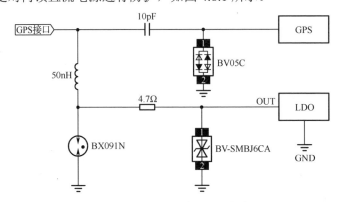

图 4.8.1　GPS 天馈口防护电路

产品故障出在电源部分，LDO 芯片损坏，且其位于电源的输出端，当雷击浪涌电流注入时，如果没有防护，这个芯片就会首先被损坏，则电源无法输出。按照这个思路，保护电路理想正向雷击浪涌电流路径如图 4.8.2 所示。

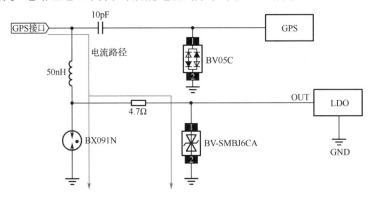

图 4.8.2　保护电路理想正向雷击浪涌电流路径

理想负向雷击浪涌电流路径如图 4.8.3 所示。

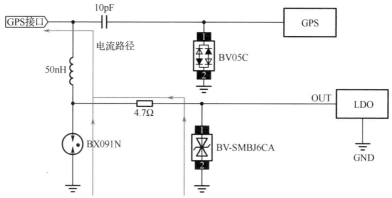

图 4.8.3　理想负向雷击浪涌电流路径

从图 4.8.3 和图 4.8.4 可以看出，GPS 接口设计了防护电路，而且器件选型得当，正常情况下，不管是对正向还是负向雷击浪涌电流，都可以起到很好的防护作用，因此排除防护电路问题，则推断 LDO 芯片损坏是因为其本身耐压能力不足。

3. 原因分析

雷击浪涌试验一次 LDO 芯片就损坏，怀疑雷击浪涌电流没有按照防护电路规划的路径流动，而是一部分通过了 LDO 芯片，而正是这一部分电流造成了 LDO 芯片的损坏，因此，实际正向雷击浪涌电流路径如图 4.8.4 所示。

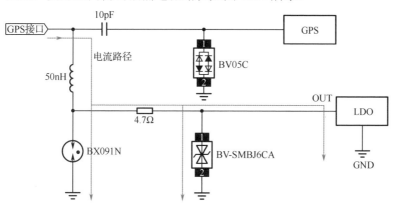

图 4.8.4　实际正向雷击浪涌电流路径

实际负向雷击浪涌电流路径如图 4.8.5 所示。

从图 4.8.4 和图 4.8.5 可以看出，在正向雷击浪涌和负向雷击浪涌试验时，实际雷击浪涌电流通过了 LDO 芯片。LDO 芯片因耐压能力不足而损坏。

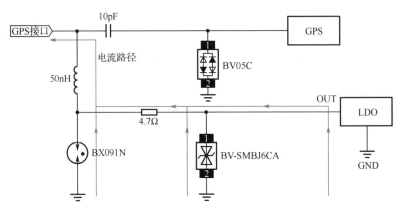

图 4.8.5　实际负向雷击浪涌电流路径

4. 整改措施

根据以上分析，在 BV-SMBJ6CA 与 LDO 芯片之间增加一个二极管，来提高后级回路的耐压水平。整改后的正向雷击浪涌电流路径如图 4.8.6 所示。

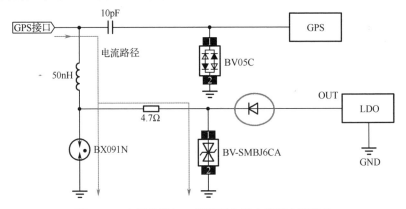

图 4.8.6　电源线增加二极管正向雷击浪涌电流路径

从图 4.8.6 可以看出，在电源线上增加一个二极管，由于二极管具有负向截止特性，可以避免正向雷击浪涌电流流经 LDO 芯片，从而使得后级电路得到保护。

负向时，TVS 需 6V 才能动作，而 LDO 芯片只需 0.3V 即可动作，即使加上新增的二极管也只需（0.7+0.3）V=1V 开启。这个电压远小于双向 TVS 的动作电压，因此，需要比这两个器件正向导通电压之和还低的器件来做负向防护。单向的 TVS 的负向动作电压在 0.7V 左右，使用 BV-SMBJ6A 替代 BV-SMBJ6CA 后，负向雷击浪涌电流路径见图 4.8.7。

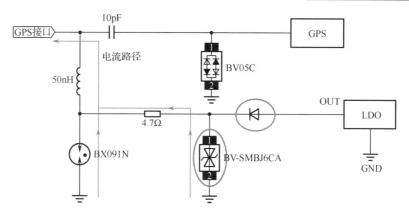

图 4.8.7　更换后 TVS 的单向负向雷击浪涌电流路径

从图 4.8.7 可以看出，单向 TVS 在负向雷击浪涌电流作用下，相当于二极管正向导通，此时可以避免负向雷击浪涌电流流经 LDO 芯片，从而使得后级电路得到保护。

5. 实践结果

正向雷击浪涌增加二极管，实物图如图 4.8.8 所示。

图 4.8.8　正向雷击浪涌增加二极管实物图

负向雷击浪涌时将双向 TVS 更换为单向 TVS。

整改完成后，合拢整机再次进行雷击浪涌试验，此时正向、负向雷击浪涌均能满足共模 3kA@8/20μs 测试要求，试验通过。

【岛主点评】

在进行电路防护设计时，根据基尔霍夫定律，电流始终要返回源头，即从哪里来，就要回到哪里去！因此，防护设计就是给雷击浪涌电流提供一条低阻抗的路径，让其尽快返回源头，避免流经不可预期的路径从而产生 EMC 风险。本案例产品雷击浪涌试验时发现故障，经过缜密的诊断和分析，通过增加器件更改故障时雷击浪涌电流路径成功化解。本案例的方法和思路启示我们，设计时要给雷击浪涌电流规划合理的泄放路径，让其在我们设计的路径中流动，从而将未知转化为可知，将不可控变为可控，如此，即使再厉害的、如"洪水猛兽"般的雷击浪涌电流，也能被轻而易举地"驯服"。

4.9　某系统通过防雷电路初次级退耦解决雷击浪涌故障案例

1．问题描述

某系统采用交流供电模块，三相交流输入，直流-48V 输出。系统要求冲击电流试验（雷击浪涌试验的一种）中线-线与线-地满足标称 20kA 的放电电流要求。

系统交流输入冲击电流线-线试验，结果如表 4.9.1 所示。

表 4.9.1　系统交流输入冲击电流线-线试验数据

序　号	试验端口	试验应力/kA（8/20μs）	试验结果	备　注
1	L1-N	20	正常	—
2	L1-N	20	正常	—
3	L1-N	20	系统自动重启，整流器指示灯由绿变红后逐渐恢复正常	—
4	L1-N	20	正常	—
5	L1-N	20	系统自动重启，整流器指示灯由绿变红后逐渐恢复正常	试验后发现，系统每隔 3 分钟会自动重启

系统交流输入线-地冲击电流试验，结果如表 4.9.2 所示。

表 4.9.2　交流输入线-地冲击电流试验数据

序　号	试验端口	试验应力/kA（8/20μs）	试验结果	备　注
1	L1-PE	20	系统自动重启，整流器指示灯由绿变红后逐渐恢复正常	—
2	L1-PE	20	系统掉电，重启后不能恢复，整流器指示灯灭，监控单元指示灯由绿变红	—

从表 4.9.1 和表 4.9.2 结果可以看出，试验不通过。

2．故障诊断

断电后重启系统，用万用表测量各模块输入电压，确认电源无输入。初步判断系统交流电源模块损坏。交流电源模块硬件框图如图 4.9.1 所示。

从图 4.9.1 可以看出，该交流电源模块主要完成交流电源的接入、防护与分配、AC-DC 转换、直流电源输出、状态监测控制、电池加热等功能。根据各功能子模块的作用推断，直接影响-48V 直流输出的为整流器子模块，再结合试验时整流器子模块指示灯异常等故障现象，初步可以判定为整流器子模块损坏。然后更换整流器子模块，重新给系统上电，此时系统工作正常。由此可见，冲击电流试验中导致系统工作异常的为整流器子模块。

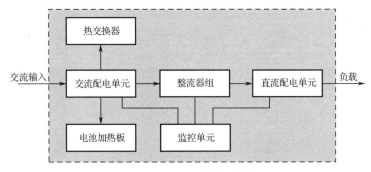

图 4.9.1 交流电源模块硬件框图

3. 原因分析

整个交流电源防雷链路如图 4.9.2 所示。

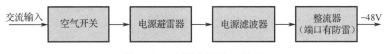

图 4.9.2 交流电源防雷链路

从图 4.9.2 可以看出，交流电源模块有两级防雷设计，初级采用电源避雷器进行防护，次级采用整流器端口防护电路进行防护，以进一步降低初级电源避雷器的残压，达到精细保护后级电路的目的。一般情况下，两级防护电路如果器件选型得当且级间配合良好，都可以很好地达到保护后级电路的作用。

查看初级电源避雷器原理图，如图 4.9.3 所示。

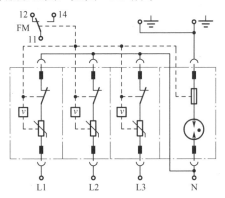

图 4.9.3 初级电源避雷器原理图

从图 4.9.3 可以看出，电源避雷器线-线之间采用压敏电阻进行防护，相线-地之间采用压敏电阻和气体放电管串联进行防护，中线-地之间采用气体放电管进行防护。查询规格说明书，标称电流和通流容量分别可以达到 20kA 和 40kA 的防护等级，满足试验要求。

查看次级防雷即整流器端口防护电路，如图 4.9.4 所示。

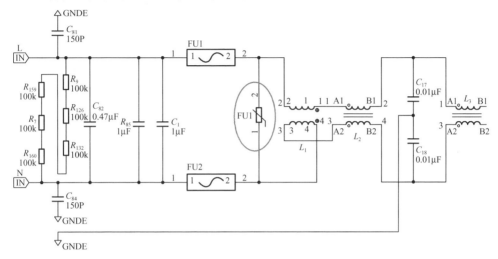

图 4.9.4　整流器端口防护电路

从图 4.9.4 可以看出，整流器端口为电源滤波电路和防护电路的组合。综上所述，系统电源防护分为两级，初级为电源避雷器，次级为整流器端口防护电路。通常情况下，考虑到防护器件的响应速度，在进行两级防护电路设计时需要考虑级间配合，在两级防护电路之间增加退耦，不但可以对雷击浪涌产生的过电压和过电流进行分压，还可以延缓冲击电流到达次级防护的时间，进而减小次级防护电路的残压。

在进行交流电源防雷设计时，通常初、次级防护电路之间采用电感退耦。而初、次级防护电路之间缺乏退耦是导致冲击电流试验中系统掉电的根本原因。

根据前面的分析和诊断，电源模块的防护电路简图如图 4.9.5 所示：

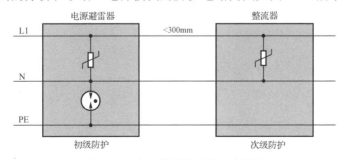

图 4.9.5　电源模块的防护电路简图

从图 4.9.5 可以看出，两级防护电路之间无退耦电感，对线-线和线-地施加 20kA 冲击电流，使用示波器和高压探头测试整流器输入端的残压，结果如图 4.9.6 所示。

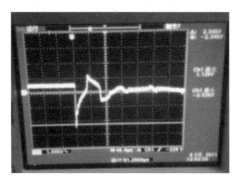

图 4.9.6　残压

从图 4.9.6 可以看出，无退耦电感时次级防护电路线-线残压为 2.3kV 以上。此残压较高，可能将导致后级电路损坏。

4．整改措施

在电源防雷设计中，电源线上不能有较大的压降，因此防雷电路级间配合通常使用电感。因为磁芯电感在过电流作用下会发生磁饱和，所以通常使用空心电感做退耦。按照 GB 50057 第 6.4.11 条规定，一般情况下，当线路上多处安装 SPD 时，限压型 SPD 之间的线路长度不宜小于 5m，则电感量大约为 8μH，线缆电感约 1.6μH/m。

实际中按照理论计算，空心电感的选取方法为：测试波形为 8/20μs 冲击电流波，测得在设计通流容量下初级防护的残压值为 U_1，次级防护在 8/20μs 冲击电流作用下最大通流容量及最大钳位电压分别为 I_1 和 U_2，8/20μs 冲击电流的波前时间 T_1=8μs，半峰值时间 T_2=20μs，则退耦电感计算示意图如图 4.9.7 所示。

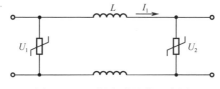

图 4.9.7　退耦电感计算示意图

U_1：初级防护残压，单位为伏特（V）；

L：空心电感量，单位为亨利（H）；

I_1：防护后电流，近似认为次级最大通流容量，单位为安培（A）；

U_2：次级最大钳位电压，单位为伏特（V）。

则电感量的最小取值为

$$U_1=U_2+2×LD_I/D_T$$

式中，U_1=2300V，测量所得；U_2=1000V，次级压敏钳位电压考虑老化；D_I=I-I/2=2500A，次级压敏通流量考虑老化；D_T=T_2-T_1=(20-8)μs=12μs，8/20μs 浪涌波形；D_I、D_T 为波尾参数，雷击浪涌 90% 的能量集中在波尾。

经计算，L=5.6μH。

根据前面的标准要求和理论计算，可知电源模块初、次级防护电路之间大约需要 5.6μH 的电感做退耦。因此，在电源模块初、次级防护电路之间增加大约 5.6μH 的电感，如图 4.9.8 所示。

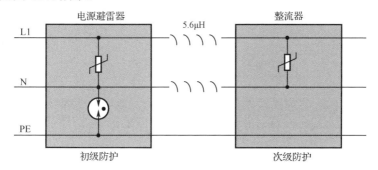

图 4.9.8　电源模块防护电路增加退耦

在电源模块初、次级防护电路之间安装退耦电感，使用示波器和高压探头再次测试 20kA 冲击电流下次级防护线-线之间的残压，如图 4.9.9 所示。

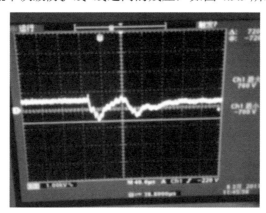

图 4.9.9　增加退耦后线-线之间的残压

对比图 4.9.6 和图 4.9.9 可以看出，增加退耦电感之后，次级防护电路残压仅为 0.7V 左右，比先前足足降低了 1.5kV。

5. 实践结果

重新安装好系统，检查设备接地等无误后，重新对系统交流输入进行冲击电流试验，线-线和线-地试验数据分别如表 4.9.3、表 4.9.4 所示。

表 4.9.3　整改后交流输入冲击电流线-线试验数据

序　号	试验端口	试验应力/kA（8/20μs）	试验结果	备　注
1	L1-N	20	正常	—
2	L1-N	20	正常	—
3	L1-N	20	正常	—
4	L1-N	20	正常	—
5	L1-N	20	正常	—
6	L1-N	40	正常	—

表 4.9.4　整改后交流输入冲击电流线-地试验数据

序　号	试验端口	试验应力/kA（8/20μs）	试验结果	备　注
1	L1-PE	20	正常	—
2	L1-PE	20	正常	—
3	L1-PE	20	正常	—
4	L1-PE	20	正常	—
5	L1-PE	20	正常	—
6	L1-PE	40	正常	—

从表 4.9.3、表 4.9.4 的试验结果可以看出，电源模块初、次级防护电路增加退耦电感之后，在标称电流 20kA 和冲击电流 40kA 冲击电流试验中，系统均能正常工作，试验通过。

【岛主点评】

在进行防护电路设计时，经常会看到防护电路里面夹杂着一些不和谐的电感、电阻等，显得非常突兀。想想它们哪里是电路防护器件呀？其实不关这些器件的事情，要"怪"就"怪"防护器件吧。在进行多级防护电路设计时，防护器件自身通流容量和响应时间存在矛盾，如何协调让防护电路顺序响应，那么，就需要请这些器件"出山"退耦了！本案例产品出现雷击浪涌问题，后通过在初级和次级防护电路之间增加退耦电感成功化解。本案例的方法和思路启示我们，"退耦不牢，地动山摇"！在进行多级防护电路设计时，"要想防雷强，退耦来帮忙"！

4.10 某系统通过接口转接板优化设计解决雷击浪涌案例

1. 问题描述

某系统信号线要求满足通过线-地标称电流 3kA 雷击浪涌试验，干接点和 RS485 冲击电流线-地试验结果如表 4.10.1 所示。

表 4.10.1　干接点和 RS485 冲击电流线-地试验结果

序　号	试 验 端 口	试验应力/kA (8/20μs)	试 验 结 果	备　注
1	Node1	线-地：3kA	正常	—
2	Node 2	线-地：3kA	正常	—
3	Node 3	线-地：3kA	正常	—
4	Node 4	线-地：3kA	正常	—
5	RS485 RX	线-地：3kA	RX+试验后，电压从 1.7V 跌至 0.3V	试验两台样机 结果一致
6	RS485 TX	线-地：3kA	正常	—

从表 4.10.1 试验结果可以看出，RS485 RX 试验端口冲击电流试验不通过，断电后重启系统，RS485 RX 试验端口电压不能恢复。

2. 故障诊断

查看整个系统，RS485 通信链路包含接口转接板、接口防护板及收发信板三个模块，各模块功能如下：

（1）接口转接板：提供连接器与接口防护板 RS485 转接功能。

（2）接口防护板：提供 RS485 信号雷击浪涌防护功能。

（3）收发信板：提供 RS485 通信及管理功能。

RS485 通信链路如图 4.10.1 所示。

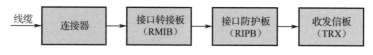

图 4.10.1　RS485 通信链路

根据图 4.10.1，雷击浪涌能量从线缆注入后，经过连接器到达接口转接板，然后再到接口防护板，最终到达收发信板的只是经过接口防护板之后的残压。打开机壳，首先目视查看相关部分单板，发现接口防护板和收发信板无明显异常，但是，接口转接板 37 芯连接器位置有一处烧毁，如图 4.10.2 所示。

图 4.10.2　损坏的接口转接板

从图 4.10.2 可以看出，接口转接板损坏。为确定接口防护板和收发信板是否正常，首先用万用表测量两块单板关键的器件和网络，测试正常，然后系统更换新的接口转接板，上电后测量 RS485 RX 信号电压正常，系统运行后语音也正常，因此确定雷击浪涌损坏的只是接口转接板。

3．原因分析

本系统由于 37 芯连接器引脚针密度很大，从可靠性角度考虑，需要使用接口转接板进行转接，但是，由于接口转接板位置在接口防护板之前，所以，接口转接板需要先承受雷击浪涌能量，因此，设计时需要重点关注接口转接板防雷能力。

查看接口转接板 PCB，如图 4.10.3 所示。

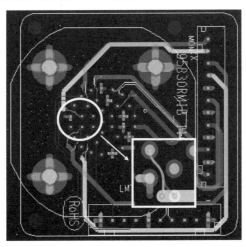

图 4.10.3　接口转接板 PCB

PCB 中白色圆圈的部分为单板雷击浪涌损坏的位置（见图 4.10.3）。此处由于 RS485 RX 信号引脚在连接器内部，需要从其他引脚之间引出布线。由于 37 芯连接器引脚密度很大，考虑到电气安全性等，引出的布线宽度仅为 8mil/2OZ。为增加布线通流容量，所有四层此处均布线并通过过孔连接，所以总的布线宽度为 32mil/2OZ。根据实践经验，线-地 3kA 雷击浪涌测试中表层布线宽度要求不小于 40mil/2OZ，内层考虑到散热更大，因此，雷击浪涌损坏的原因为布线通流容量不足。

4. 整改措施

从前面的分析可以看出，接口转接板损坏的根本原因是 PCB 布线宽度未达到通流容量要求，因此，必须对接口转接板进行改板，增加雷击浪涌信号布线宽度。

1）原理图优化设计

防雷单板原理图优化设计需要遵循"抓大放小"的原则，即抓住重点，舍弃次要，根据雷击浪涌试验网络、关键信号网络、普通信号网络等重要程度进行重点识别，然后结合 PCB 布线对原理图进行综合优化，以便于 PCB 布线时可以更好地实现关键网络的布线。

（1）雷击浪涌信号网络。接口转接板控制信号 RS485 提供通信功能，四对干接点 Node 信号提供环境告警功能，它们都是业务信号且使用在室外环境，需要进行雷击浪涌试验，因此，其是 PCB 布线时需要重点关注及保证功能的部分。接口转接板原理图及雷击浪涌信号网络如图 4.10.4 所示。

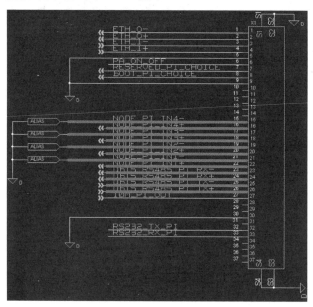

图 4.10.4　接口转接板原理图及雷击浪涌信号网络

图 4.10.4 中红线标识的就是雷击浪涌关键信号网络，在 PCB 布线时需要对其首先进行布线并设置好与其他布线、过孔、焊盘、连接器引脚等的安全距离，以免高压击穿放电。

（2）优化信号网络。接口转接板 PCB 布线空间有限，根据对原理图和 PCB 的分析，结合信号在实际应用中的功能及使用情况，对部分信号网络可以进行优化。其中，原理图中 RS232 调试串口和 PA_ON_OFF 功放开关信号在实际中不使用，因此可以优化删除，以节省 PCB 布线空间和降低布线的难度，如表 4.10.2 所示。

表 4.10.2　优化删除的信号网络及功能

序　　号	信 号 端 口	用　　途	雷　　击
1	RS232_TX_PI	调试串口，实际中不使用	□是 ■否
2	RS232_RX_PI		□是 ■否
3	PA_ON_OFF	功放开关信号，实际中不用	□是 ■否

2）PCB 布线优化设计

根据前面的故障分析，PCB 布线通流容量不足是导致问题的根本原因。结合以前的实践经验，在 3kA 试验应力时，PCB 布线应满足如下要求：

表层布线——布线不小于 40mil/2OZ，或采用多层布线以满足此要求；

内层布线——布线不小于 45mil/2OZ，或采用多层布线以满足此要求；

换层过孔——过孔不小于 50/90mil 规格，或采用多个过孔以满足此要求。

另外，由于进行雷击浪涌试验的信号线为高压线，需要考虑与其他低压布线、过孔、焊盘、连接器引脚等的安全绝缘距离，以防止高压击穿。结合以前的实践经验，在 3kA 试验应力时，高压与低压网络需要满足的安全绝缘距离如表 4.10.3 所示。

表 4.10.3　高压与低压网络安全绝缘距离

低压 ＼ 高压	连接器引脚	布　　线	过　　孔
布　　线	30mil	30mil	30mil
过　　孔	40mil	30mil	40mil
螺　　钉	120mil	60mil	120mil

5．实践结果

改进后的原理图如图 4.10.5 所示。

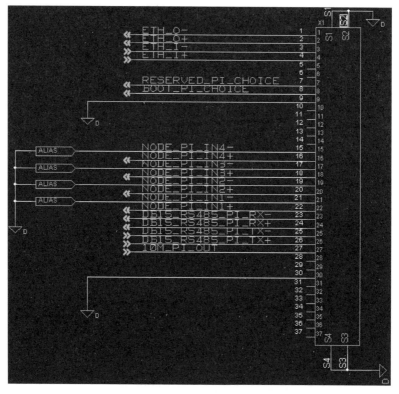

图 4.10.5　优化后接口转接板原理图及雷击浪涌信号网络

在 PCB 改板时，大部分雷击浪涌信号网络引脚在连接器插针内排。由于连接器引脚非常密集，考虑到进行雷击浪涌试验时信号布线宽度要求，将连接器中未定义网络的空信号引脚加以利用，将部分雷击浪涌信号网络从闲置的空信号引脚引出。

B15_RS485_PI_RX-和 B15_RS485_PI_RX-网络直接相邻的引脚为其他信号引脚，在进行 PCB 布线时只能从焊盘引脚间出线，因布线宽度受限需采用四层布线以满足通流容量要求；而 NODE_PI_IN1+相邻引脚为五引脚 GND，综合分析后可以将五引脚网络设置为空引脚，BOOT_CHOICE_PI 运行选择信号和 RESERVED_CHOICE 预留信号使用九引脚 GND 作为信号回路。

改板后的接口转接板，通过对原理图网络优化并巧妙利用空信号引脚，使得密集连接器区域的信号布线得以优化，同时保证了雷击浪涌对信号布线宽度的要求，最终改板如图 4.10.6 所示。

系统更换改进后的接口转接板并运行正常后，重新对接口转接板进行雷击浪涌试验，试验结果如表 4.10.4 所示。

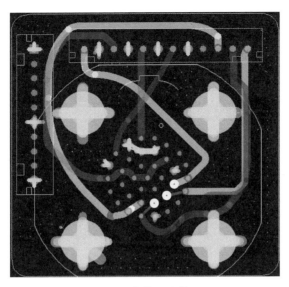

图 4.10.6　优化设计的 PCB

表 4.10.4　改板后雷击浪涌试验结果

序　号	试验端口	试验应力/kA （8/20μs）	试验结果	备　注
1	Node1	线–地：3kA	正常	—
2	Node 2	线–地：3kA	正常	—
3	Node 3	线–地：3kA	正常	—
4	Node 4	线–地：3kA	正常	—
5	RS485 RX	线–地：3kA	正常	—
6	RS485 TX	线–地：3kA	正常	—

　　从表 4.10.4 可以看出，PCB 改板之后，在标称电流 3kA 雷击浪涌试验时，系统功能正常，试验通过。

【岛主点评】

　　PCB 布线和雷击浪涌试验有关系吗？乍一看貌似八竿子打不着，但要说一点儿关系都没有，也不可能，想想高电压大电流，谁不是绕道走；要说有关系，也挺牵强，那还要防护电路做什么！古人云，"善弈者谋势，不善弈者谋子"，说的是通盘全局考虑的道理。本案例产品雷击浪涌防护电路设计得固若金汤，但戏谑的是干扰剑走偏锋，防护电路瞬间成为摆设，一溃千里！后面通过 PCB 优化设计成功化解。本案例的整改方法和思路启示我们，在进行防雷电路设计时，由于系统高电压大电流的特性，工程师不能只盯着防护电路而顾此失彼，器件、原理图、PCB、结构、接地等，都需要全局考虑！

第5章 EFT 案例

5.1 某产品通过接口加电容滤波解决EFT故障案例

1. 问题描述

某产品电源线在进行 EFT（电快速脉冲群）±2kV 试验时出现通信错误，试验不通过。

2. 故障诊断

根据问题分析为 MCU（微控制单元）芯片内部程序数据丢失，从而导致系统工作异常，通信错误。重新烧录 MCU 程序后，系统工作正常，通信也恢复。查看产品 PCB，主板为双层 PCB，实物图如图 5.1.1 所示。

图 5.1.1　产品主板实物图

从图 5.1.1 可以看出，主板连接很多产品上的负载，板上互连线缆非常多，线缆与线缆间、线缆与单板间空间距离很近，因此必然存在容性和感性耦合。很明显，通过线缆分类、滤波以及线缆上加磁环等方式可能解决不了根本问题，因此，考虑从主板入手进行整改。

产品通信接口如图 5.1.2 所示。拔掉产品的通信控制连接线后进行 EFT 测试，故障复现，确认故障与通信控制连接线本身无关。

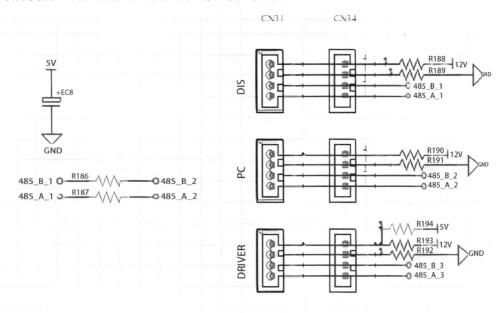

图 5.1.2　产品通信接口

将整机其他模块控制连接线全部移除，只保留 AC 电源线，EFT 测试通过，再次插上其他模块控制连接线，EFT 测试不通过，确认干扰通过控制连接线影响 MCU 模块电路，导致 MCU 芯片内部程序数据丢失，系统工作异常。

电机&风机控制接口如图 5.1.3 所示。逐一插拔模块控制连接线确认问题出现的位置，当电机&风机控制电路连接时，EFT 测试问题复现，和整机测试时故障一致。

经过以上验证，确认电机&风机控制信号受到 EFT 干扰。

3．原因分析

电机&风机控制电路原理涉及 MCU 芯片产生的小信号，该小信号经过运算放大器放大后，用于驱动电机&风机，而小信号本身容易受外界干扰。将所有控制连接线完全拔掉，测试通过，控制连接线电机&风机端断开，测试不通过，确认干扰不是通过线缆传导而是通过空间辐射的方式传导，导致 MCU 芯片工作异常。

虽然 EFT 测试的频率只有 5kHz&100kHz，但是其高次谐波频率却非常丰富，高次谐波电流流过线缆或者参考地平面时，由于电压和电流发生变化，会形成电场干扰与磁场干扰。EFT 干扰耦合机理如图 5.1.4 所示。

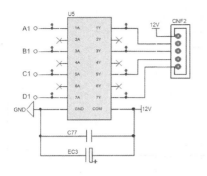

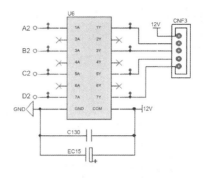

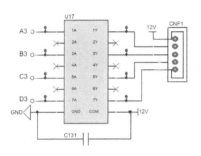

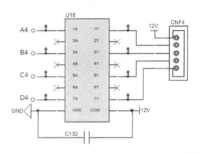

图 5.1.3　电机&风机控制接口

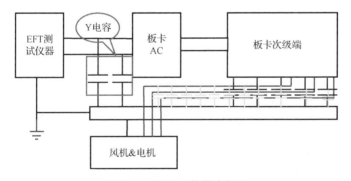

图 5.1.4　EFT 干扰耦合机理

　　电场干扰会在高阻抗（相对频率而言的）信号线上，以及较长的信号布线上产生骚扰电压；磁场干扰会在低阻抗信号线上，以及敏感信号环路（小信号环路）中产生骚扰电流及感应电压，从而导致 MCU 芯片误动作或者数据丢失，严重情况下会导致 MCU 芯片直接损坏。电机&风机控制电路 PCB 如图 5.1.5 所示。

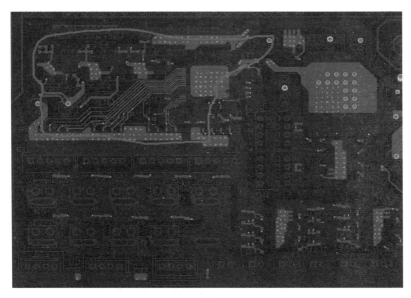

图 5.1.5 电机&风机控制电路 PCB

从图 5.1.5 可以看出，由于为双层布线，电机&风机控制连接线以及板上布线环路面积很大，与金属板会产生容性耦合。当感应噪声电压远远大于 MCU 芯片噪声容限电压时，MCU 芯片瞬间工作状态异常，出现数据丢失。

4．整改措施

在电机&风机控制小信号线（即高亮线）靠近 MCU 芯片引脚端（控制电路接口）增加 470pF 滤波电容，如图 5.1.6 所示。

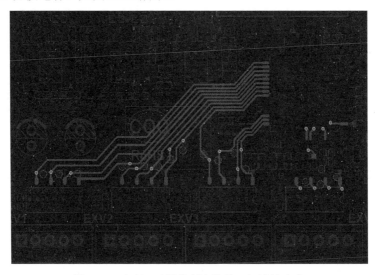

图 5.1.6 电机&风机控制电路接口加滤波电容

5. 实践结果

根据前面的分析，在电机&风机控制连接线上增加滤波电容后重新测试 EFT，产品功能正常，试验顺利通过。

【岛主点评】

产品主板上连接的负载多如牛毛，线缆密如蛛网，纵横交错，电磁干扰耦合如影随形，没问题则罢，有问题则让人头痛欲裂！设计工程师想露一手，该如何下手？本案例产品 EFT 测试出现问题，经过缜密的诊断和分析，层层抽丝剥茧，确认为电机&风机控制连接线容性耦合所致，后通过在单板线缆接口增加旁路电容成功化解。本案例的整改方法和思路启示我们，针对复杂系统抗扰度（对电磁干扰的耐受能力）问题，需要找到敏感电路耦合途径，对症下药，否则，漫无目的地屏蔽、滤波、加磁环等，只能治标不治本，后面会遇到的麻烦将更多！

5.2 某产品通过在敏感源加电容滤波解决EFT故障案例

1. 问题描述

某产品处于未加热状态下，在 AC 220V 电源线上加 EFT（电快速脉冲群）（1kHz，2kV），发现设备会自动加热，加热丝不受温控器控制；当撤消 EFT 后，加热停止，试验不通过。

2. 故障诊断

查看产品硬件电路（见图 5.2.1），加热设备的加热丝是由固态继电器（简称 SSR）来控制的，而 SSR 是由温控器设定的温度上下限来控制导通的。正常情况下，SSR 受温控器控制，当温度低于设定值下限时，SSR 闭合，加热丝工作；当温度达到设定上限值时，SSR 断开，加热丝停止工作。

由图 5.2.1 可见，在进行 EFT 测试时，共模电流从电源线流入温控器再到 SSR，后经分布电容回流到大地，那么导致 SSR 闭合的原因存在三种可能：

（1）温控器受到干扰，输出信号控制 SSR 动作；

（2）SSR 自身受到干扰，导致 SSR 动作；

（3）温控器和 SSR 同时受到干扰，导致 SSR 动作。

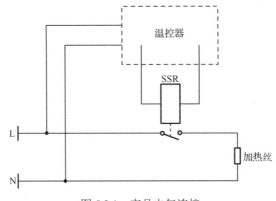

图 5.2.1　产品电气连接

采用排除法排查，首先将温控器与 SSR 之间的控制信号线断开，进行 EFT 试验，发现问题依然存在，确认是 SSR 而非温控器受到干扰而导致的 SSR 动作，因此受到 EFT 电磁干扰的为 SSR 固态继电器。

3. 原因分析

SSR 固态继电器内部电路如图 5.2.2 所示。

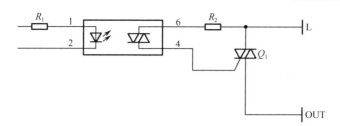

图 5.2.2 SSR 固态继电器内部电路

采用排除法来判断 SSR 的动作是由自身控制端引起的，还是由输出端引起的。将 SSR 的控制端两根信号线接到一起，来保证控制端的两根线电平保持一致，再次进行 EFT 试验，问题依然存在，由此初步断定 EFT 影响到 SSR 的输出端，直接使输出端闭合，导致加热丝工作。

由于 SSR 可控硅的输入阻抗很大，一旦有微弱的电流流经可控硅的 G 极，便会产生一定的电压，使可控硅导通，从而导致加热丝加热，如图 5.2.3 所示。

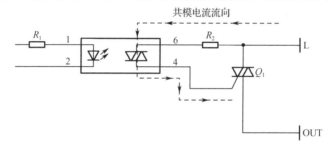

图 5.2.3 SSR 耦合的共模电流

由图 5.2.3 可知，输出端耦合的共模电流通过光耦 4、6 引脚内部电路的分布电容，流过可控硅的 G 极，导致可控硅导通。

4．整改措施

针对 EFT 干扰可以采用两种措施来解决：

（1）"堵"，如在信号线或者电源线上套磁环，或者加电源滤波器，使流过被测件内部电路的共模电流减小；

（2）"泄"，即改变共模电流的流向，使之不流进被测件内部电路。

根据前面的诊断分析，EFT 电磁干扰可以直接耦合到 SSR 输出端，I/O 接口滤波没有效果。试看采用"泄"的方法，在敏感源位置将共模电流引入其他的路径，使之不流过 G 极，如图 5.2.4 所示。

在 SSR 的触点两端并联高压电容 C_1（2kV，0.1μF），增加 C_1 后为共模电流提供了一个低阻抗通道，这会改变原来共模电流的流向，使之不流过可控硅的 G 极，G 极就不会有触发电压，因而可控硅不会导通。

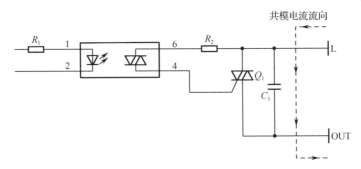

图 5.2.4　SSR 增加电容旁路共模电流

5. 实践结果

整改后进行 EFT 测试，发现自动加热现象消失，然后把 EFT 干扰电压加到 3kV，原故障依旧不再出现，产品功能正常，试验顺利通过。

【岛主点评】

"减敏"的措施在静电、雷击浪涌、EFT 整改时屡试不爽，简直是"放之四海而皆准"的真理！既如此，工程师整改时还有必要舍本逐末吗？本案例产品 EFT 问题，工程师尝试在电源线上加磁环和滤波器等等都没有效果，经过缜密的诊断和分析，为可控硅自身特性对电磁干扰非常敏感所致，后通过在敏感源端加旁路电容成功化解。本案例的整改方法和思路启示我们，提高敏感源抗电磁干扰能力，直达病灶是解决产品 EMC 问题的首选，"射人先射马，擒贼先擒王"说的就是这个道理。

5.3　某产品敏感控制信号加RC滤波解决EFT故障案例

1．问题描述

某产品在电快速脉冲群（EFT）测试中，发现在待机状态下按键、遥控器均无法正常开机，反复测试结果相同，试验不通过。

2．故障诊断

打开机箱壳体，对插拔内部电路模块进行测试和验证，反复对比试验，发现将背光连接插座拔掉，测试不良现象消失；而插上背光连接插座，测试不良现象复现。查看背光恒流模块原理图，如图 5.3.1 所示。

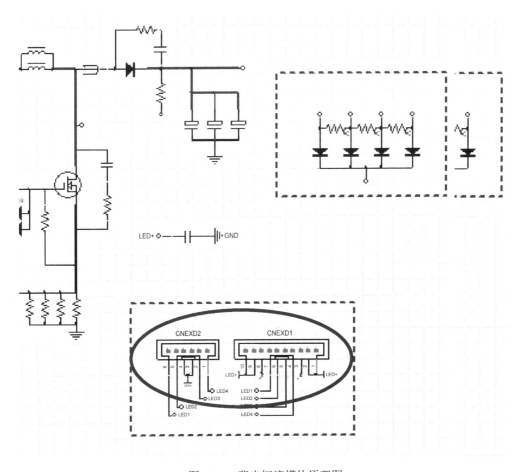

图 5.3.1　背光恒流模块原理图

从图 5.3.1 可以看出，背光恒流模块与主板模块连接信号，仅有 BL_ON 与 PWM_DIM 控制信号，然后通过断开连接信号验证问题所在。

将背光恒流模块控制信号 BL_ON、PWM_DIM 与主芯片之间的连接电阻 R_3、RB801 移除，断开 BL_ON、PWM_DIM 控制信号后进行 EFT 测试，此时产品工作正常。然后将背光恒流模块控制信号 BL_ON 连接电阻 R_3 加焊还原、控制信号 PWM_DIM 连接电阻 RB801 仍然保持移除状态，再次测试，产品仍然没有问题，因此确认受到 EFT 干扰的为 PWM_DIM 信号，如图 5.3.2 和图 5.3.3 所示。

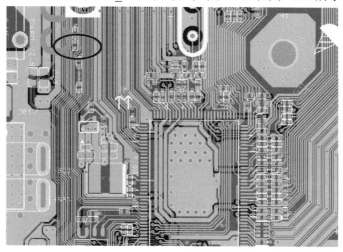

图 5.3.2　BL_ON 控制信号去掉 R_3 电阻

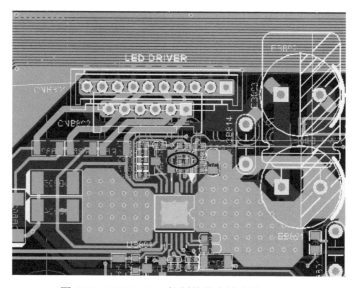

图 5.3.3　PWM_DIM 控制信号去掉电阻 RB801

3．原因分析

经初步分析试验验证，基本确认因 PWM_DIM 控制信号受到 EFT 干扰而导致了系统无法开机。查看原理图发现 PWM_DIM 控制信号是主芯片的 Boot 信号引脚，其受到 EFT 干扰后极易引起系统死机。

经分析 EFT 干扰耦合路径如图 5.3.4 所示。

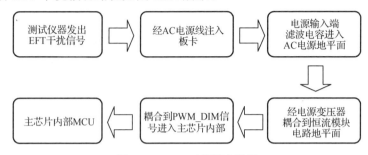

图 5.3.4　EFT 干扰耦合路径

4．整改措施

在靠近主芯片 PWM_DIM 信号引脚处增加 RC 滤波，滤除 EFT 干扰信号，如图 5.3.5 所示（该图为软件导出图，未进行标准化处理）。

5．实践结果

整改后合拢整机，进行 EFT 测试，此时待机状态下按键、遥控器均正常工作，试验通过。

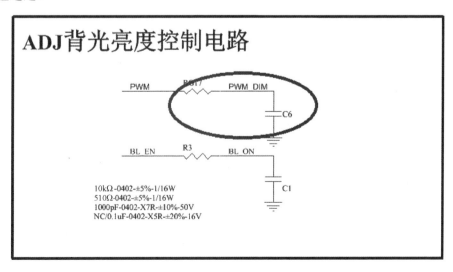

图 5.3.5　在靠近主芯片 PWM_DIM 信号引脚处增加 RC 滤波

【岛主点评】

敏感电路、敏感信号，一直是抗扰度（对电磁干扰的耐受能力）试验关注的焦点，也是 EFT 故障问题的症结所在。成功锁定了，所有的问题都将迎刃而解，反之，一切都是浮云。本案例产品 EFT 故障，经过缜密的诊断和分析，为某控制信号受到 EFT 电磁干扰所致，后通过在芯片端敏感信号上加 RC 滤波成功化解。本案例的整改方法和思路启示我们，产品出现抗扰度问题，则必然存在薄弱点，掘地三尺想方设法把病根找出来，从而对症下药是解决抗扰度问题的首选，否则东一榔头西一锤子，事倍而功半。

5.4　某产品通过禁止单片机外部RST解决EFT故障案例

1．问题描述

某产品为塑料壳体，采用 AC 220V 转 24V 电源适配器供电，适配器线缆长达5m，无屏蔽层。对 AC 220V 电源线进行±2kV EFT（电快速脉冲群）测试，产品会偶尔重启，试验不通过。EFT 试验参数见表 5.4.1。

表 5.4.1　EFT 试验参数

试 验 名 称	试 验 参 数	试 验 条 件
EFT 测试	瞬变脉冲电压/kV	2×(1±0.1)
	重复频率/kHz	5×(1±0.2)
	极性	正、负
	时间	每次 1min

2．故障诊断

产品主板电路示意图如图 5.4.1 所示。

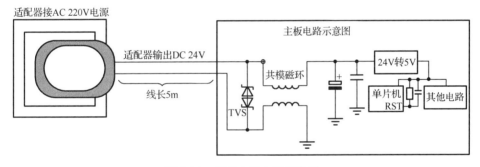

图 5.4.1　产品主板电路示意图

从图 5.4.1 可以看出，产品包含单片机。单片机有复位信号引脚 RST，用于从外部引入复位信号。在单片机调试或者程序运行时，若遇到死机、死循环或者程序"跑飞"等情况，按复位键单片机就将重新启动。

单片机的复位电路如图 5.4.2 所示。

RESET（图 5.4.2 中 RES）接单片机 RST 引脚，按键 S1 按下后，复位搭接高电平，实现电路复位，此时和产品 EFT 测试时的现象一致。因此，软件将单片机从外部引入复位信号的功能禁用（也可称为禁掉外部复位功能），再进行 EFT 测试，产品工作正常，确认故障为单片机受到干扰产生复位。

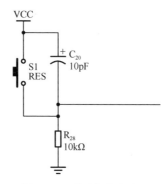

图 5.4.2　单片机复位电路

3. 原因分析

EFT 干扰机理分为传导和辐射，即干扰注入线缆并沿线缆传导或者通过线缆辐射影响被测件。产品电源有电源适配器滤波，单片机外部复位按键为阻容滤波，主板电路在电源入口设计有 TVS（瞬态抑制二极管）和共模磁环滤波，因此排除传导对单片机的影响。考虑到软件将复位信号关闭后再进行 EFT 测试产品工作正常，因此确认 EFT 干扰通过辐射的方式耦合到复位信号之上，从而对单片机产生了干扰。

复位信号对电磁干扰比较敏感，是 EMC 里面的关键电路模块，通常在设计时，推荐的提高复位信号抗扰度的设计措施如图 5.4.3 所示。

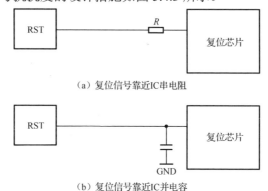

（a）复位信号靠近IC串电阻

（b）复位信号靠近IC并电容

图 5.4.3　复位电路抗扰度设计

通常推荐电阻 100Ω，电容 $0.01\mu F$ 或 $1000pF$。查看产品复位电路原理图和 PCB，复位信号线上无电阻和电容滤波，所以易受电磁干扰。

4. 整改措施

因为产品已经设计定型，不容大的改动，因此，考虑通过单片机软件程序进行整改。

（1）通过编程掩盖重启。即在程序启动时，先检测复位源寄存器的各个复位类型的标志，如果是热重启，则跳过变量初始化（或执行一个既定策略的变量初始化）及一些不必要的外设初始化，让程序能够最快速地进入主循环执行主功能，让人感受不到重启。

（2）禁掉外部复位功能。查单片机使用手册，发现 RST 引脚的复位功能可以通过设置一个寄存位在片内关闭，并使其变成一个普通的 I/O 接口来使用，如图 5.4.4 所示。

CONFIG0 配置字 0

7	6	5	4	3	2	1	0
CBS	—	OCDPWM	OCDEN	—	RPD	LOCK	—
读/写	—	读/写	读/写	—	读/写	读/写	—

出厂默认值：1111 1111b

2	RPD	复位引脚禁用位
		1=P2.0/$\overline{RST}$ 复位功能使能，引脚用作外部复位引脚
		0=P2.0/$\overline{RST}$ 复位功能关闭，引脚用作输入引脚 P2.0

图 5.4.4　软件关闭复位功能

按图 5.4.4 所示修改源程序：把 RPD 设置为 0，禁掉外部复位功能，并不会影响单片机的正常启动和低电压掉电复位，因为单片机内部有被称为 POR、BOD 的功能模块，分别负责单片机的上电复位和掉电复位。

综合考虑按照方案（2）整改，即禁掉外部复位功能。

5．实践结果

对产品进行程序更新后，重新进行 EFT 测试，此时±2kV 下不再出现重启，将测试等级提高到±3kV 依然未出现重启，产品工作正常，试验顺利通过。

【岛主点评】

软件可能解决 EMC 问题吗？可能很多人会说，硬件是硬件，软件是软件，它们之间能有什么关系呢，貌似八竿子打不着呀！还别说，不但真有可能，而且这样的应用还不少，所谓"山重水复疑无路，柳暗花明又一村"，换种思路，可能别有洞天。本案例产品 EFT 测试出现问题，在硬件原封未动的情况下，通过修改软件程序成功化解。本案例的整改方法和思路启示我们，随着软件在产品中的分量越来越重，从软件入手也不失为解决 EMC 问题的一种手段，而且相较于硬件，其解决手段更高明、措施更简单、成本更低廉、效果更可靠。

5.5 某产品通过电源滤波解决EFT故障案例

1．问题描述

某医疗产品电源线按要求需要通过±2kV EFT 测试。当在实验室进行 EFT 测试时，系统液晶屏出现白屏或花屏现象，试验不通过。

产品 EFT 测试故障如图 5.5.1 所示。

（a）液晶显示屏花屏　　　　　　　　　　（b）液晶显示屏白屏

图 5.5.1　产品 EFT 测试故障

2．故障诊断

EFT 干扰机理分为传导和辐射，即一种是沿着电源线和信号线注入的传导干扰，即在线缆上传导的干扰；另一种是沿着线缆的辐射和内部线缆二次辐射的干扰，即空间辐射的干扰，如图 5.5.2 所示。

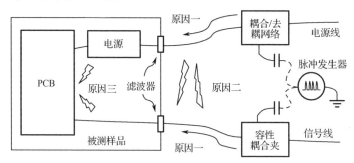

图 5.5.2　EFT 对产品的干扰机理

在电源线上 I/O 接口位置增加镍锌铁氧体磁环，再通过试验的方法确认是线缆上传导的干扰还是空间辐射的干扰，如图 5.5.3 所示。

图 5.5.3　线缆上增加镍锌铁氧体磁环

增加多个镍锌铁氧体磁环后，再次进行 EFT 测试，此时故障问题未复现，因此，确认为传导干扰导致的问题，和空间辐射没有关系。

3．原因分析

打开产品机箱壳体，查看电源输入滤波电路，产品电源输入端安装有 IEC 电源滤波器，如图 5.5.4 所示。

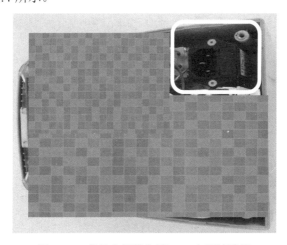

图 5.5.4　产品电源输入端 IEC 电源滤波器

一般电源滤波器主要针对传导干扰测试，如果需要抑制 EFT，则需要有针对性地开发既满足传导干扰要求又满足 EFT 干扰要求的电源滤波器。经与电源滤波器厂家沟通后确认，本款电源滤波器不是 EFT 专用电源滤波器。

4．整改措施

定制满足 EFT 干扰要求的电源滤波器，以替换原装的电源滤波器，如图 5.5.5 所示。

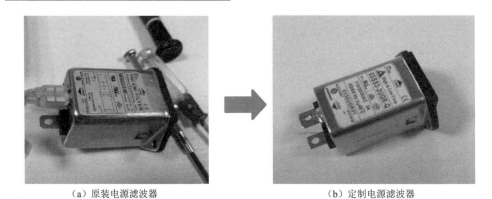

（a）原装电源滤波器　　　　　　　　（b）定制电源滤波器

图 5.5.5　更换电源滤波器

5．实践结果

根据前面的分析，再次进行试验时使用定制电源滤波器，±2kV EFT 测试中产品没有再出现问题，试验顺利通过。

【岛主点评】

"偶遇电磁干扰怎么办，屏蔽滤波接地好手段！"从这句顺口溜可以看出，作为 EMC "三板斧"之一的"滤波"在工程师心目中的地位，事实上，电源滤波器确实也是很多产品的标配，用来解决传导干扰问题。然而不为人知的是，电源滤波器其实对 EFT 干扰也有作用，特别是经过特殊设计的电源滤波器。本案例产品 EFT 故障，通过定制电源滤波器后成功化解。本案例的整改方法和思路启示我们，在 EFT 设计整改中，如果电源滤波器设计得当，就可以兼顾传导和 EFT 问题，一举两得，是解决 EFT 问题的首选。

5.6　某产品电源线增加铁氧体磁环解决EFT故障案例

1．问题描述

某智能支付系统，可以对接诸如微信、支付宝等各种免现交易平台，被广泛应用于商业移动支付场合。

产品研发要求电源线通过±2kV EFT 测试，在摸底测试时系统在±0.5kV 应力下会复位重启，功能失效，试验不通过。

2．故障诊断

查看系统电源输入，AC 220V 电源先经过 220V/5V 适配器，然后通过 USB 线缆输入支付系统。打开 AC-DC 适配器和支付扫码系统，查看整个系统链路电源滤波，如图 5.6.1 所示。

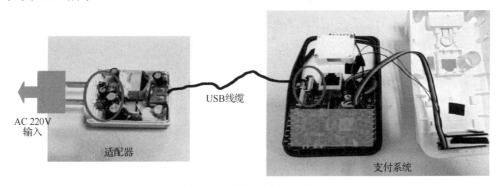

图 5.6.1　系统链路电源滤波

从图 5.6.1 可以看出，电源输入端适配器只有铝电解电容滤波，而支付系统通过 USB 线缆输入的 5V 电压各有一个磁珠和贴片电容滤波，整个系统链路电源滤波能力极其薄弱，可以确定为电源滤波问题导致的 EFT 故障。

3．原因分析

EFT 干扰是在电路中感性负载断开时产生的，它的特点是干扰信号不是单个脉冲，而是一连串的脉冲群，EFT 波形如图 5.6.2 所示。

EFT 干扰可以在电路的输入端产生积累效应，使干扰电平的幅度最终可能超过电路的噪声容限；脉冲群周期较短，每个脉冲波的间隔时间较短，对电路输入电容来说，在未完成放电时又开始充电，因此容易达到较高的电压。EFT 干扰幅值高，频率高，对电路的正常工作影响甚大。

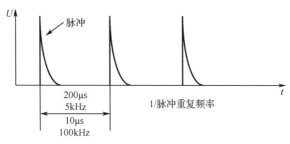

图 5.6.2　EFT 波形

4. 整改措施

本产品体积很小，空间有限，在单板上增加电源滤波不现实，同时产品着急认证面市，不容大的改动，因此使用镍锌铁氧体磁环对 EFT 干扰进行抑制。

由于 EFT 上升沿时间为 5ns，上升沿时间极短，则

$$f = \frac{1}{\pi \tau_r}$$

其中，τ_r 指信号上升沿时间；f 指辐射信号频谱带宽。

考虑到频带宽度 $10f$（最大频谱带宽），经计算确认 EFT 最大频谱带宽约为 70MHz。通常，市面上大量应用的镍锌铁氧体磁环，对电磁干扰有吸收作用，其有效电磁干扰滤波频段主要在 50～200MHz 之间，因此，使用镍锌铁氧体磁环抑制 70MHz EFT 非常合适。查看磁环规格书，如图 5.6.3 所示。

Technical Data:											
型号	线缆最小直径 (mm)	线缆最大直径 (mm)	长 (mm)	宽 (mm)	高 (mm)	壳体颜色	阻抗 25 MHz 1 turn (Ω)	阻抗 100 MHz 1 turn (Ω)	阻抗 25 MHz 2 turns (Ω)	阻抗 100 MHz 2 turns (Ω)
74271142S	3.5	5	32.5	18.8	13.2	Black	98	182	401	709
74271142	3.5	5	32.5	18.8	13.2	Grey	98	182	401	709
74271111S	3.5	5	40.5	23.7	18.2	Black	175	320	770	800
74271111	3.5	5	40.5	23.7	18.2	Grey	175	320	770	800
74271112S	4.5	6	40.5	23.7	18.2	Black	176	321	773	806
74271112	4.5	6	40.5	23.7	18.2	Grey	176	321	773	806
74271132S	7	8.5	40.5	24.5	21	Black	141	241	603	755
74271132	7	8.5	40.5	24.5	21	Grey	141	241	603	755

图 5.6.3　磁环规格书

图 5.6.3 中型号为 74271112 的镍锌铁氧体磁环,当线圈绕 2 匝时阻抗高达 800Ω/100MHz 左右，其频率阻抗特性图如图 5.6.4 所示。

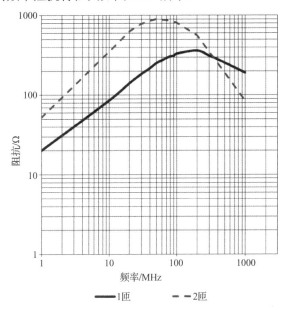

图 5.6.4　该磁环频率阻抗特性图

从图 5.6.4 可以看出，在 EFT 干扰频段，型号为 74271112 的镍锌铁氧体磁环阻抗在 500Ω 以上，根据经验，所选的磁环阻抗满足 EFT 滤波需求。

5．实践结果

根据前面的分析，电源线加镍锌铁氧体磁环，如图 5.6.5 所示。

图 5.6.5　电源线加镍锌铁氧体磁环

电源线加上镍锌铁氧体磁环后，合拢整机，此时进行±2kV EFT 测试，产品工作正常，试验顺利通过。

【岛主点评】

随便用眼角瞥一下计算机周边互连的设备如投影仪、音响等，就会发现线缆上都有个圆圆的小疙瘩，此时我们往往会在心里打个问号，这是什么啊？还别说，这并不是什么神秘的东西，而是高科技产品磁环，它在EMC界那是无人不知，无人不晓，其对线缆的辐射干扰和 EFT 干扰抑制都有妙用。本案例产品 EFT 测试出现问题，通过在线缆上增加镍锌铁氧体磁环成功化解。本案例的整改方法和思路启示我们，增加磁环对抑制 EFT 干扰是很好的手段，且简单、高效、便捷，是解决 EFT 故障的"宝贝"。

5.7　某产品模块互连线缆耦合引发的EFT故障案例

1．问题描述

某产品在进行±4kV EFT 测试时，出现画面黑屏，但整机背光可以正常点亮，声音输出也正常，试验不通过。

2．故障诊断

产品内部硬件电路示意图如图 5.7.1 所示。

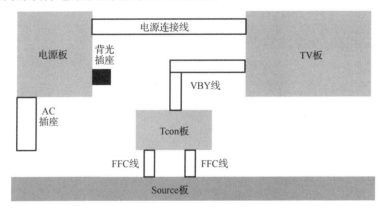

图 5.7.1　产品内部硬件电路示意图

从图 5.7.1 可以看出，产品包括电源板、TV 板、Tcon 板和 Source 板。当异常现象出现时，插拔屏的 VBY 线，即给 Tcon 板重新上电，黑屏现象消失。故障状态下现场测量电源板输出电压均正常，但 Tcon 板上 AVDD 电压输出异常，因此确认是Tcon 板受 EFT 干扰，导致工作异常。

3．原因分析

显示黑屏时，TV 板端输出信号正常，说明 TV 板本身抗扰度符合要求；Tcon板受到 EFT 干扰的路径包括 Tcon 板与主板之间的 FFC 线材路径耦合、Tcon 板与Source 板之间的 FFC 线材路径耦合、参考地电位波动引起的 Tcon 控制芯片工作异常等。TV 板与 Tcon 板之间连接的 FFC 线，本身采用的是屏蔽线材，且屏蔽层接地也符合要求，改变 FFC 线布线方式、接地方式，EFT 测试结果无改善。Tcon 板与Source 板之间连接的 FFC 线是非屏蔽线材，线材较短，信号的参考地平面是屏的金属背板，高频环路面积稍大。

查看布线发现按键遥控线和喇叭线通过 Tcon 板，拔掉以上线缆测试结果无改善，拆掉整机下侧塑胶盖板，发现 Wi-Fi 天线、蓝牙天线用黑胶带贴附在 Tcon 板与

Source 板之间连接的 FFC 线上，此处 FFC 线是非屏蔽线材，因此存在空间辐射耦合的风险，如图 5.7.2 所示。

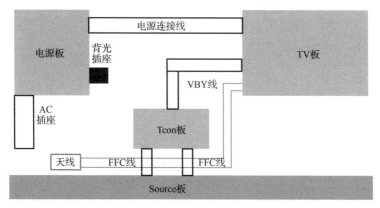

图 5.7.2　天线在 FFC 线上布线

尝试将 Wi-Fi 天线、蓝牙天线远离 Tcon 板 FFC 线，防止空间辐耦合干扰 Tcon 板的内部电路，导致其出现状态异常。调整布线方式后，反复多次进行 EFT 测试，画面黑屏的现象消失。

EFT 注入共模电流在输入端共模滤波器上产生高压的同时，在金属背板产生感应电压并通过容性耦合到 Wi-Fi 天线、蓝牙天线。当 Wi-Fi 天线、蓝牙天线紧贴 Tcon 板与 Source 板之间的 FFC 线时，电磁干扰通过 FFC 线耦合到 Tcon 控制芯片，由于 Tcon 控制芯片本身抗扰度较弱，导致工作状态异常。Tcon 控制芯片输出控制 AVDD 电路的信号异常，导致 AVDD 输出电压低于 Source 板正常工作电压，从而出现黑屏现象。

4．整改措施

调整整机内部布线方式，使 Wi-Fi 天线、蓝牙天线远离 Tcon 板以及 Tcon 板与 Source 板连接的 FFC 线，防止两者之间空间辐射耦合，如图 5.7.3 所示。

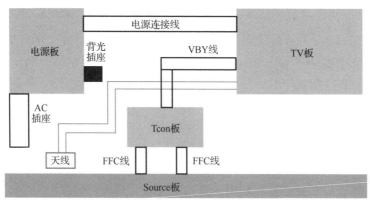

图 5.7.3　天线远离 FFC 线布线

5. 实践结果

整改后再做±4kV EFT 测试，此时黑屏现象消失，产品功能正常，试验顺利通过。

【岛主点评】

　　EMC 问题，实话实说，产生的原因各种各样，找到原因了就能一招搞定，找不到原因则两眼抓瞎，干着急没办法。出现 EMC 问题往往让人觉得好像处理起来有多么复杂，难度有多么大，其实不然，可能就是某个细节出了差错，但细节决定成败。本案例产品 EFT 测试出现问题，经过缜密的诊断和分析，为线缆之间电磁干扰耦合所致，后通过将互连线缆从空间上分开成功化解。本案例的整改方法和思路启示我们，不是所有的问题都是疑难杂症，需要"大动干戈"，找到问题的根源了可能解决起来易如反掌，本案例就是很好的证明。

第6章 其他案例

6.1 某产品处理器直通I/O接口信号引发的辐射抗扰度问题案例

1. 问题描述

某机载平板电脑（见图 6.1.1）在进行 RS103 200V/m 电磁场辐射抗扰度试验时，产品在 150～300MHz 频段出现屏幕回退现象，即从正常显示回退到操作界面，如图 6.1.2 所示。

图 6.1.1　机载平板电脑正常放映

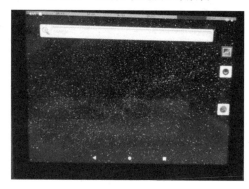

图 6.1.2　屏幕回退

2．故障诊断

打开机箱壳体，产品后盖为金属外壳，显示屏为非屏蔽普通触摸屏，另外，产品为手持设备，采用电池供电，无 I/O 接口线缆。初步怀疑电磁场辐射通过屏幕开口耦合到了内部电路。产品由显示屏、主板、触摸屏、按键板、以太网 USB 接口等部分构成。按键板、以太网 USB 接口与主板都通过排线连接，长度在 100mm 以上，在排线上加扁平铁氧体磁环排查，如图 6.1.3 所示。

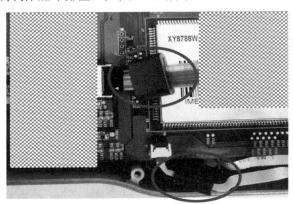

图 6.1.3　排线上加扁平铁氧体磁环

当按键板排线和以太网 USB 接口排线加扁平铁氧体磁环后，再次测试电磁场辐射抗扰度，试验通过。初步确认为排线耦合的干扰导致问题出现。

进一步确认故障原因。拔掉按键板排线（见图 6.1.4），同时去掉以太网 USB 接口排线上的扁平铁氧体磁环，再次进行 200V/m 的电磁场辐射抗扰度试验，此时产品工作正常。反之，当拔掉以太网 USB 接口排线，插上按键板排线时，抗扰度问题复现，因此，确认为按键板排线受到辐射干扰导致产品出现辐射抗扰度问题。

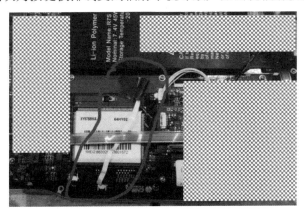

图 6.1.4　拔掉按键板排线

　　使用抗扰度诊断整改系统进行诊断验证，连接好脉冲发生器和磁场探头，在主板上的核心板各引脚注入磁场干扰，如图 6.1.5 所示。当探头置于核心板左侧部分时，故障会偶尔复现，确认该部分为核心板敏感部位，如图 6.1.6 所示。

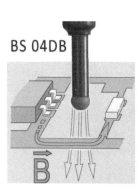

图 6.1.5　注入磁场干扰

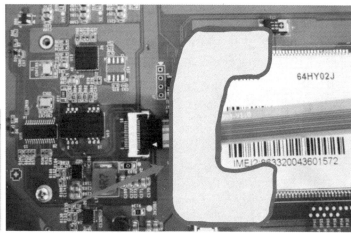

图 6.1.6　核心板敏感部位

　　将探头换成针式探头，如图 6.1.7 所示。直接在确认的核心板敏感部位对各引脚注入电磁干扰，如图 6.1.8 所示，当探头置于核心板上按键信号引脚时，故障复现，因此确认按键信号受到干扰。

图 6.1.7　针式探头

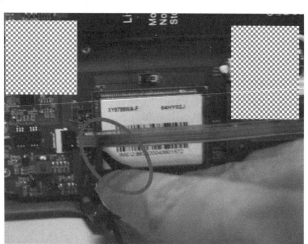

图 6.1.8　使用针式探头直接注入电磁干扰

3．原因分析

　　按键信号电路流程如图 6.1.9 所示。

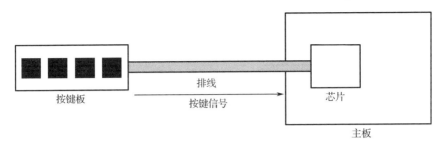

图 6.1.9　按键信号电路流程

按键板主要控制音量加减、返回菜单等；核心板内部包含处理器，提供屏幕显示、数据处理等功能，类似手机主板。因此，按键板排线耦合的干扰，可以直接进入核心板，干扰处理器。

查看按键板和主板原理图中的按键信号，分别如图 6.1.10 和图 6.1.11 所示，从图中可以看出，按键信号从按键板经过排线进入主板，然后到核心板按键信号引脚，整个路径没有任何电磁干扰滤波措施，那么，按键板排线耦合的电磁场辐射干扰，可以直接通过排线到达核心板处理器，从而引起电磁场辐射抗扰度问题。

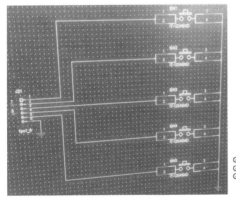

图 6.1.10　按键板原理图中的按键信号

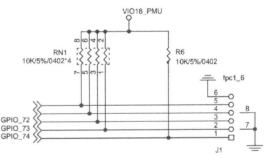

图 6.1.11　主板原理图中的按键信号

4．整改措施

根据以上分析，考虑到产品在 150～300MHz 频段受到干扰，因此，在核心板按键信号引脚焊接 330pF 电容滤波，其谐振频率约为 300MHz，如图 6.1.12 所示。

整改后再次使用抗扰度诊断整改系统进行诊断验证，此时在敏感信号引脚注入电磁干扰，屏幕回退问题不再复现。

5．实践结果

将产品拿到标准实验室进行 200V/m 电磁场辐射抗扰度试验，此时产品在整个频段工作正常，试验通过。

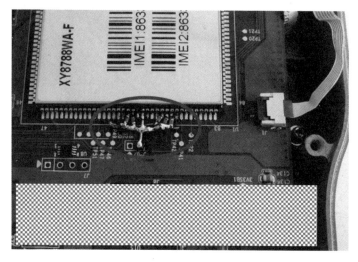

图 6.1.12 按键板引脚加 330pF 电容滤波

【岛主点评】

产品 I/O 接口是 EMC 测试的重点考察对象，可以毫不夸张地说，产品 EMC 成也 I/O 接口败也 I/O 接口！然而值得一提的是，目前很多产品存在处理器直通 I/O 接口信号现象，使得产品 EMC 问题变得更加复杂化。本案例产品电磁场辐射抗扰度问题，经过缜密的诊断和分析，为 I/O 信号线耦合电磁干扰直接进入处理器所致，后通过在处理器端 I/O 信号加电容滤波成功化解。本案例的方法和思路，如同暗夜里的一道光芒，给此类问题的解决指引了方向，让人感到茅塞顿开。

6.2 某产品通过信号共模电感滤波解决BCI干扰案例

1. 问题描述

某车载监控显示屏在做电磁抗扰度大电流注入测试（简称 BCI）时，75～190MHz 测试频段扬声器出现持续啸叫，试验不通过。

2. 原因分析

打开机壳，查看产品内部电路，如图 6.2.1 所示。

图 6.2.1　产品内部电路

从图 6.2.1 可以看出，显示屏 I/O 线缆在靠近单板位置套了个锰锌铁氧体磁环，单板接口无滤波电路，因为 BCI 测试频段为 20～400MHz，频率较高，因此锰锌铁氧体磁环基本没有起到抑制效果，根据以上分析，BCI 电流可以直接注入主板。

另外，扬声器音频线缆也加了磁环，但输入 I/O 线缆和扬声器空间位置紧挨，同时，后盖合上后，扬声器音频线缆在单板电路正上方，因此，高频时扬声器与输入 I/O 线缆及单板产生空间耦合，此时将导致扬声器出现啸叫，试验失败。

3. 整改措施

考虑到从 I/O 线缆上整改需要在 I/O 接口滤波等，成本高、代价较大，另外，线缆也会直接和单板、扬声器产生空间耦合，因此在扬声器敏感设备端进行整改更合适。BCI 测试问题频段在 75～190MHz，选用信号共模电感滤波，如图 6.2.2 所示。

ORDERING CODE	Impedance (Ω)	Tolerance ±%	Test Frequency (MHz)	DC Resistance (Ω)max	Rated Current (mA)max
WCM-3216-330T	33	25%	100	0.20	400
WCM-3216-500T	50	25%	100	0.25	400
WCM-3216-900T	90	25%	100	0.30	400
WCM-3216-121T	120	25%	100	0.30	400
WCM-3216-161T	160	25%	100	0.40	350
WCM-3216-221T	220	25%	100	0.45	300
WCM-3216-261T	260	25%	100	0.50	310
WCM-3216-501T	500	25%	100	0.80	260
WCM-3216-601T	600	25%	100	0.80	260
WCM-3216-102T	1000	25%	100	1.00	250
WCM-3216-222T	2200	25%	100	1.20	200

图 6.2.2　信号共模电感滤波

信号共模电感频率阻抗特性如图 6.2.3 所示。

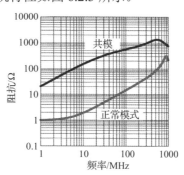

图 6.2.3　信号共模电感频率阻抗特性

选定的共模电感在频段 75～190MHz 具有 300～700Ω 的阻抗，可以很好地抑制 BCI 电磁干扰。在敏感设备源头扬声器端加信号共模电感，既能避免 I/O 接口滤波成本高、代价较大的问题，又能避免输入 I/O 线缆和扬声器由于空间位置紧挨或扬声器线缆与主板耦合导致的滤波失效，通过在敏感源端滤波，以上问题可迎刃而解，如图 6.2.4 所示。

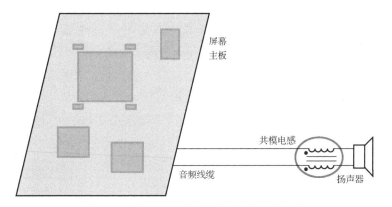

图 6.2.4 扬声器音频输入增加信号共模电感

4. 实践结果

根据以上分析，在扬声器音频输入引脚焊接信号共模电感，如图 6.2.5 所示。

整改通过后，企业更换为本单位物料库型号替代品

图 6.2.5 在扬声器音频输入引脚焊接信号共模电感

在扬声器音频输入引脚增加选定的信号共模电感，然后进行 BCI 测试，扬声器再未出现啸叫现象，试验通过。

【岛主点评】

共模电感，顾名思义就是用来抑制共模的电感，可以说，在 EMC 界没有哪个器件比它更讨喜，可以说是"人见人爱"。硬件工程师喜欢它，因为它对差模没有影响；EMC 工程师喜欢它，因为电磁干扰本质就是共模干扰，共模电感"用得其所"。本案例产品 BCI 测试电磁抗干扰出现问题，经过缜密的诊断和分析，通过在敏感源端增加一个信号口贴片共模电感（即信号共模电感）成功化解。本案例通过实战经验，系统地总结了共模电感的选型思路和应用方法，思路清晰，滴水不漏，读来让人感到如拨云见日，受益匪浅！

6.3 某应急通信车共电源阻抗现场问题整改案例

1. 问题描述

某应急通信车用于重大群体性活动现场的应急通信，系统在联调时，当打印机开机待机时，系统工作正常，但当打印机启动或打印时，卫星宽带调制解调器重启，影响通信车正常通信。整车系统内部单元会产生系统内自干扰，整车不符合性能指标要求。

2. 故障诊断

查看整车系统，应急通信车在车尾狭小的空间内集成了无线通信设备、微波图像传输设备、导航定位设备、网络设备、显示终端、办公打印等大量不同类型的设备，整车系统及其分设备如图 6.3.1 所示。

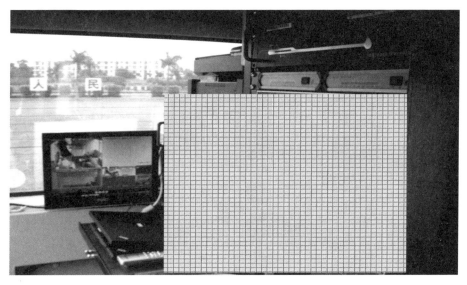

图 6.3.1 整车系统及其分设备

从图 6.3.1 可以看出，整车集成了众多不同类型的设备，且在车内就近安装，此时在各个设备正常工作时，不同设备自身产生的电磁干扰，将可能沿着线缆传导（传导干扰）或者通过空间辐射（辐射干扰）对系统内其他设备产生影响，从而引起系统内设备相互之间的干扰，致使功能异常。

系统为应急保障通信，使用发电机供电，通过综合电源提供给各台设备，系统各台设备连接关系如图 6.3.2 所示。

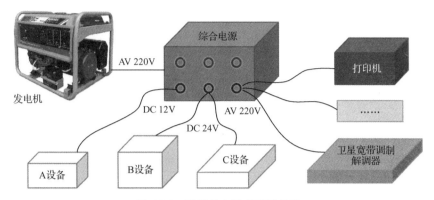

图 6.3.2　系统各台设备连接关系

从图 6.3.2 可以看出，打印机和卫星宽带调制解调器由综合电源 AC 220V 输出供电，当打印机启动或者打印时，进纸器转动，即打印机电机工作。电机在 EMC 中被认为有很强的电磁干扰，因此根据故障现象可以确认打印机的电机会干扰卫星宽带调制解调器。

为确定是传导干扰导致的问题还是辐射干扰导致的问题，现场可采取以下方案进行验证：

（1）再使用一台电机，单独给打印机或卫星宽带调制解调器供电，此时如果问题复现，则为辐射干扰问题，反之，则为传导干扰问题。

（2）将打印机移出车厢，使用电葫芦将打印机或卫星宽带调制解调器拉远（排除机箱辐射），同时在打印机电源输出端套用大量的镍锌铁氧体磁环（排除线缆辐射），此时如果问题复现，则为传导干扰问题，反之，则为辐射干扰问题。

（3）使用电源滤波器或者锰锌铁氧体磁环，安装在打印机或卫星宽带调制解调器电源输入端，此时如果问题复现，则为辐射干扰问题，反之，则为传导干扰问题。

因现场无备用电机，且无电源滤波器，因此采用方案（2）进行验证（见图 6.3.3），经验证，开机后故障复现，则确认是电源传导干扰问题。

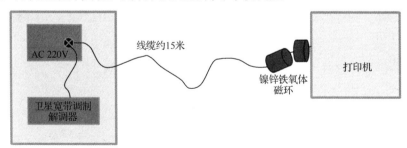

图 6.3.3　采用方案（2）进行验证

3．原因分析

打开综合电源查看，AC 220V 电源输入和输出架构如图 6.3.4 所示。

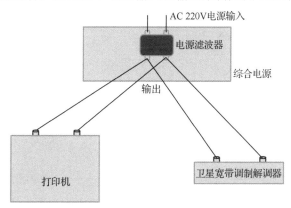

图 6.3.4　AC 220V 电源输入和输出架构

从图 6.3.4 可以看出，AC 220V 电源输入经过电源滤波器后，分别连接打印机和卫星宽带调制解调器，此时打印机和卫星宽带调制解调器之间直接连接，相互间无电源滤波器隔离，所以导致二者之间产生共电源阻抗干扰，其干扰机理如图 6.3.5 所示。

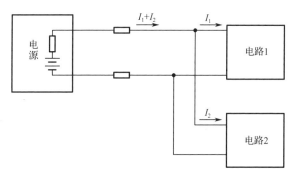

图 6.3.5　共电源阻抗干扰机理

从图 6.3.5 可以看出，干扰源和敏感电路共用电源，两个电路之间经过共电源阻抗耦合产生干扰，当干扰源电路的电流经过共电源阻抗时，则在该公共阻抗上形成的电压就会影响敏感电路。

4．整改措施

现场将打印机和卫星宽带调制解调器改为分别连接在电源滤波器输入端和输出端，如图 6.3.6 所示。

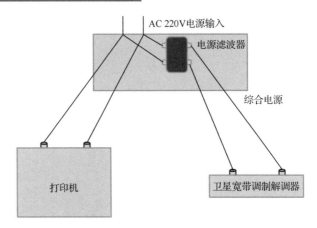

图 6.3.6　整改后 AC 220V 电源输入和输出架构

经过以上改进，电源滤波器对卫星宽带调制解调器电源进行滤波，此时，打印机工作时产生的干扰，将被电源滤波器滤除，不会进入卫星宽带调制解调器，从而使其免受干扰。

5. 实践结果

采用以上整改方案改进后，开启所有分设备系统，发现当打印机启动或者打印时，系统工作正常，问题解决。

【岛主点评】

产品所有的 EMC 设计工作，无不是为了保障产品应用到现场后能够可靠运行。而引发现场 EMC 问题的原因不一，异常复杂。其中共电源、共地阻抗耦合绝对是绕不过去的一道坎，这也是产品在现场容易出现 EMC 问题的根本原因。本案例现场系统内部产生自干扰，经过缜密的诊断和分析，为共电源阻抗引发的传导干扰，后面通过优化电源滤波器安装切断耦合途径成功化解。